城市地下综合体建筑物结构防火设计研究

牟在根　隋　军　张举兵　编著

中国铁道出版社

2017年·北京

内 容 简 介

本书以城市地下综合体的火灾风险与防护问题为主要研究目标,内容涉及火灾中烟气和温度扩散过程的数值模拟、物理模拟、通风系统设计方案适用性研究,以及火灾荷载对风险的影响,并通过研究提出城市地下综合体建筑防火问题的概念设计原则和基于数值模拟、物理模拟的防火设计流程,运用多学科综合理论,采取多元综合研究方法,从理论和试验两个层面研究和探索了大型地下综合体建筑物的防火设计关键技术。其研究结果表明地下综合体建筑的设计方案中所提出的通风排烟方案,不会对邻近建筑分区造成较大影响,基本能够满足火灾条件下烟气控制的需求。

本书可以作为土木工程专业的学生及科研院校相关专业技术人员的参考用书。

图书在版编目(CIP)数据

城市地下综合体建筑物结构防火设计研究/牟在根,隋军,张举兵编著. —北京:中国铁道出版社,2017.11
 ISBN 978-7-113-23944-2

Ⅰ.①城… Ⅱ.①牟…②隋…③张… Ⅲ.①城市空间—地下建筑物—建筑设计—防火—研究 Ⅳ.①TU96

中国版本图书馆 CIP 数据核字(2017)第 264573 号

书　　名:	城市地下综合体建筑物结构防火设计研究
作　　者:	牟在根　隋　军　张举兵

策　　划:	陈小刚		
责任编辑:	陈小刚	编辑部电话:	010-51873193
封面设计:	王镜夷		
责任校对:	孙　玫		
责任印制:	高春晓		

出版发行:中国铁道出版社(100054,北京市西城区右安门西街8号)
网　　址:http://www.tdpress.com
印　　刷:中国铁道出版社印刷厂
版　　次:2017年11月第1版　2017年11月第1次印刷
开　　本:710 mm×1 000 mm　1/16　印张:11　字数:199千
书　　号:ISBN 978-7-113-23944-2
定　　价:49.00元

版权所有　侵权必究

凡购买铁道版图书,如有印制质量问题,请与本社读者服务部联系调换。电话:(010)51873174(发行部)
打击盗版举报电话:市电(010)51873659,路电(021)73659,传真(010)63549480

前　言

　　随着我国城市化进程的发展,大城市的用地日趋紧张,城市地下空间的开发和城市地下综合体的建设日益受到政府和研究机构的关注。与地面建筑不同,城市地下综合体是体量庞大的地下空间,其消防安全是建设者最为关心的关键技术问题之一。当前关于城市地下空间消防安全的理论研究仍处于发展阶段,计算流体动力学技术和性能化防火设计理论的发展为其注入了动力。

　　本书以城市地下综合体的火灾风险与防护问题为主要研究目标,内容涉及火灾中烟气和温度扩散过程的数值模拟、物理模拟,通风系统设计方案适用性研究,以及火灾荷载对风险的影响,并通过研究提出城市地下综合体建筑防火问题的概念设计原则和新的基于数值模拟和物理模拟的防火设计流程。本书中运用多学科综合理论,采取多元综合研究方法,从理论和试验两个层面研究和探索大型地下综合体建筑物的防火设计关键技术。此外结合广州拟建的麓湖地下空间项目火灾烟气扩散过程的模拟试验,对地下空间火灾现象的发展及影响进行了研究,以及对地下综合体建筑火灾风险的分析方法进行了研究。在物理模拟试验方面,首先以氯酸钾和蔗糖为氧化剂与还原剂,通过改变两种试剂的配比,并设计了引燃电路,成功研制了一种可用于地下空间火灾烟气扩散过程模拟的发烟装置。按照1∶75的比例,制作了麓湖地下空间的部分有机玻璃模型,对原型结构的停车场和商业区中厅发生火灾等5种工况的烟气扩散过程进行了试验研究,结果表明项目设计方案中所提出的通风排烟方案,不会对邻近分区造成较大影响,基本满足火灾条件下烟气控制的需求,使烟气控制在容许的范围内。

本书主要由北京科技大学的牟在根、张举兵,广州市市政工程设计研究院的隋军、宁平华以及北京金隅嘉业房地产开发有限公司的杨庆凯编著。在本书编写过程中,北京科技大学研究生马万航、周琦、冯雷等参与了编写工作,在此对他们表示诚挚的谢意。另外,本书在调研、编写以及相关论文的发表等过程中,还得到了国家自然科学基金研究项目(51578064)的大力支持,在此表示非常感谢。同时,本书参考和引用了很多已经公开发表的文献和资料,为此谨向相关作者表示真挚的感谢。

希望本书能对读者的学习和工作有所帮助。鉴于编者水平有限,书中难免有错误和不妥之处,敬请读者批评指正。

牟在根

于 2017 年 10 月北京科技大学

目 录

1 概 述 ··· 1
   1.1 引 言 ·· 1
   1.2 地下综合体的概念 ·· 7
   1.3 地下综合体的分类和特点 ····································· 9
   1.4 国内外城市地下空间的发展状况 ··························· 16
   1.5 地下综合体火灾危险性及防控分析 ························ 18

2 火灾荷载与火灾场景 ··· 30
   2.1 火灾燃烧学基础 ··· 30
   2.2 建筑室内受限燃烧 ·· 39
   2.3 火灾荷载 ·· 44
   2.4 火灾场景设置 ·· 48

3 火灾烟气流动的计算 ··· 56
   3.1 火灾烟气特性 ·· 56
   3.2 对称烟羽流 ··· 63
   3.3 烟层高度的计算 ··· 66
   3.4 英国与日本烟气质量流量的计算 ··························· 68
   3.5 烟气流动的计算模型 ··· 70

4 建筑防火性能化设计方法 ··· 76
   4.1 建筑防火设计内容 ·· 76
   4.2 性能化防火设计方法的提出 ································ 77
   4.3 性能化防火设计的基本步骤与方法 ······················· 79

5 试验研究 ··· 82
   5.1 有机玻璃模型设计与加工 ··································· 82

5.2　试验记录设备 …………………………………………… 91
　　5.3　发烟剂配比研究 ………………………………………… 91
　　5.4　烟气扩散模拟试验 ……………………………………… 106

6　火灾风险空间分布研究 ……………………………………… 147
　　6.1　火灾风险的定义 ………………………………………… 147
　　6.2　火灾风险评估的基本原则 ……………………………… 147
　　6.3　火灾风险评估与控制基本流程 ………………………… 148
　　6.4　火灾风险分析方法 ……………………………………… 149
　　6.5　分级标准及风险评价矩阵 ……………………………… 152
　　6.6　火灾风险评估步骤 ……………………………………… 154
　　6.7　灰色聚类法在火灾风险评估中的应用 ………………… 154

7　结　　论 …………………………………………………… 158

参考文献 ……………………………………………………… 160

1 概　　述

1.1 引　　言

随着社会经济的不断发展,我国城市规模越来越大,大中城市的市内交通拥堵、用地紧张、人文历史景观保护与城市发展矛盾十分突出。为了缓解地面交通系统的压力,近年来地下交通系统得到了迅猛的发展,越来越多的地下综合交通枢纽开始大量地开发建设和投入使用。同时各行各业对地下空间的开发需求也越来越大,要求越来越高,发展越来越快。集地下商业、停车场、仓储、城市下穿车行隧道、人行过街隧道、地铁车站、人防工程等综合性质的城市综合地下空间成为一些大城市中心区地下空间新的发展趋势,如图 1-1 所示。

哈尔滨人和地下商业街

武汉地一大道地下商业街

武汉东湖地下商业街

广州时尚天河商业广场

图 1-1　部分大城市地下空间开发利用范例

地下综合体是在近三四十年间发展起来的一种新的建筑类型,欧洲、北美和日本等发达国家的一些大城市,在新城镇的建设和旧城市的再开发过程中,都建设了不同规模的地下综合体,称为具有现代大城市象征意义的建筑类型之一。

　　欧洲国家,如德国、法国、英国的一些大城市,在战后的重建和改建中,发展高速道路系统和快速轨道交通系统,因此结合交通换乘枢纽的建设,发展了多种类型的地下综合体,特点是规模大、内容多,水平和垂直两个方向上的布置都比较复杂。美国城市由于高层建筑过分集中,城市空间环境恶化,因此在高层建筑最集中的地区,如纽约的曼哈顿区、费城的市场西区、芝加哥的中心区等,开发建筑物之间的地下空间,与高层建筑地下室连成一片,形成大面积的地下综合体。加拿大的冬季漫长,半年左右的积雪给地面交通带来困难,因此大量开发城市地下空间,建设地下综合体,用地下铁道和地下步行系统将综合体之间和综合体与地面上的重要建筑物连接起来。日本地下街始建于1930年,20世纪50年代起开始大发展,到1983年,每天全国约有1 200万人进出地下街,因此日本地下街在城市生活中和在城市地下空间利用的领域中,都占有重要的位置,在国际上也享有较高的声誉。东京地铁的线路图如图1-2所示,东京地铁涉谷站的站内地图如图1-3所示。

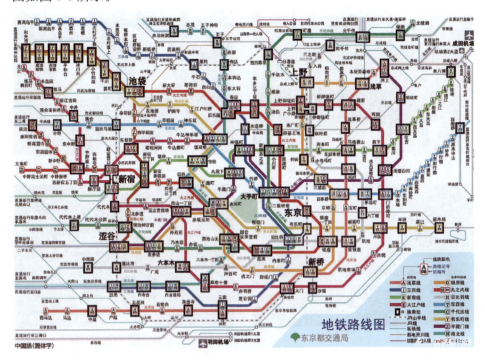

图1-2　东京地铁线路图

近年来，我国有些大城市为了缓解城市发展中的矛盾，进行了建设城市地下综合体的尝试。据不完全统计，目前正在进行规划、设计、建造和已经建成使用的已近 500 个，规模从几千至几万平方米不等，主要分布在城市中心广场、站前广场和一些主要街道的交叉口，以在站前交通集散广场的较多，对改善城市交通和环境，补充商业网点的不足，都是有益的。

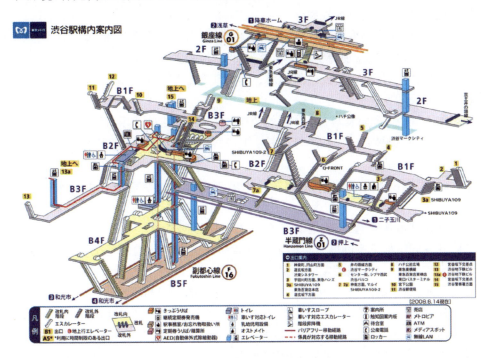

图 1-3　东京地铁涉谷站站内地图

从近几十年来城市地下空间利用的大量实践可以看出，开发和利用地下空间对于缓解城市发展中的各种矛盾，起到了非常积极的作用，在改善城市交通、节省城市用地、提高环境质量、加强城市抗灾能力、方便居民生活、改善居住条件、保存城市传统风貌等方面的作用十分明显。但是城市在发展过程中，在不同的发展阶段，所出现的矛盾和问题是不一样的。例如，许多发达国家已基本完成了城市化进程，那里的一些大城市已经经历了高速发展阶段各种矛盾的困扰，由于采取了各种治理措施，在相当程度上得到了缓解，当前面临的是进一步现代化和建设未来城市的问题。另一方面，这样一个历程正在发展中国家的许多大城市中重复发生。这个现象说明一个问题，即尽管各个城市的发展阶段不同，但是起支配作用的城市发展规律是一致的。因此，展望城市地下空间利用的前景，应当着重预计在相当长时期以后，在建设所谓未来城市中，地下空间应起的作用；

同时，应从为人类开拓新的生存空间的高度，认识开发城市地下空间的价值和意义。

(1) 当前，人们在研究未来城市地下空间开发利用的方向时，应当从未来城市的特点出发。这些特点可能表现在以下几个方面：

① 城市人口和规模基本稳定，人口结构发生变化，平均寿命延长，老龄化趋势增强，人口的文化素养提高。

② 经济、技术高度发达，产业结构发生变化，脑力劳动者比重增加，社会的信息化将使人由直接参加劳动逐步转变为对劳动过程进行调节和控制。

③ 高技术、信息化将使人的起居、出行、工作、购物、社会活动等的内容与方式发生相应的变化。

④ 土地、水、原材料等自然资源的消耗量与拥有量之间的矛盾将日益尖锐化。

⑤ 常规能源（煤、石油等）将日渐枯竭，必须开发新能源以满足生活水平提高对能源的大量需求。

(2) 根据以上特点，地下空间在未来城市中主要可在三个方面发挥应有的作用：

① 在城市功能上，实现地上与地下空间的合理分工。

开发城市地下空间的总目的是在不过多扩大城市用地的情况下，使城市空间得到扩大，而扩大城市空间的最终目的，是使人们获得更多的开敞空间，更充足的阳光，更新鲜的空气，更方便的交通，更优美的景观和更舒适的生活。为此，应当使占人每天活动大部分时间的居住和工作留在地上自然环境中，而将其他各类活动，特别是短时间的活动，如出行、购物、文娱、体育、业务联系等移到地下空间中去。此外，只需少量人员加以管理的物流，如货物运输、邮件运输、垃圾运输，以及各种公用设施系统，就更应当到地下去。瑞典学者伯格·扬森提出，"让人留在地上，把物放到地下"（"Place things below the surface, and put man on the top"），也是类似的一种设想。

② 建立城市基础设施的封闭式再循环系统。

尽管当代科学技术已相当发达，然而城市生活基本上处于一种开放式的自然循环系统中。例如，太阳能最多只是被动式利用，在阴天或夜间就无法利用；水资源主要是靠天上下雨，人们从自然界取水，使用后不加处理又排入自然界的江河湖海中；能源也多为一次性使用，热效率很低，大量余热、废热未经利用即排放空中。这样的自然循环对于自然资源来说是极大的浪费，必然形成一方面资源短缺而另一方面又在大量浪费的局面。这种现象在未来城市中应得到改变。日本学者尾岛俊雄提出了在城市地下空间中建立再循环系统的构想，就是变开放式的自然循环为封闭式的再循环系统。后者被称为城市的"集积回路"

(integrated urban circuit)。例如,集中的供热、供冷系统对于空气的使用来说就是一个封闭循环;污水经过处理后重复使用对于水的使用就成为一个封闭系统(现称"中水道"系统);垃圾经过焚烧或气化后回收热能,也是一种封闭循环系统;将电力供应或某些生产过程中散发的余热回收,再重复用于发电或供热等,都是封闭式的再循环系统。将这些系统统一组织在一定深度的地下空间中,将会对缓和城市发展与资源不足的矛盾起到积极的作用。尾岛俊雄建议在东京地下50~100 m深处建造一条直径为11 m的共同沟干线,其中布置上述多种再循环系统,形成一个地上使用,地下输送、处理、回收的封闭式再循环总系统。如果尾岛俊雄的构想中再加上热能的贮存与交换系统,则将更为完善。

③建立能源的地下贮存和交换系统。

对于未来城市中的居民,不但将获得更多的开敞空间,更宽敞的住宅,而且要有更高的居住和工作的环境标准。除了气候适宜的季节外,室内应进行全面的空气调节。目前在一些发达国家,室内环境已经相当舒适,但为此要耗费大量能源,像美国、瑞典等国,建筑能耗在全部总能耗中,都占40%以上,如果进一步提高标准和普遍采用空调,则能耗还将大大增加。在常规能源日渐枯竭的情况下,只能努力去寻找既保证生活舒适又节省能源的新途径。从当前的努力方向看,主要有两个方面,一是提高一次能源的利用效率,二是开发新能源,尤其是可再生能源。图1-4是美国河岸电力公司的地下抽水蓄能电站的构想图。

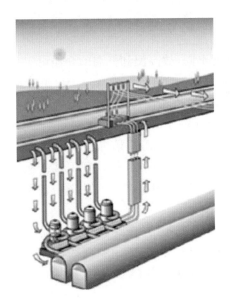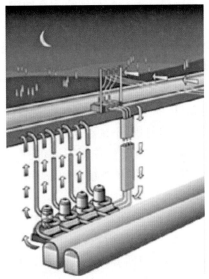

图1-4　美国河岸电力公司的地下抽水蓄能电站构想图

即使像日本这样发达的国家，一次能源利用率也还不到50％，其他部分都在生产、运输或使用过程中散失或废弃。从技术上看，提高一次能源的利用效率，主要从改进设备和最大限度地回收废弃能源两个方面着手。前者不属于本书讨论范围，对于回收废弃能源，地下空间可以提供比较有利的条件。例如，回收余热、废热的主要措施是将热能交换成热水用于区域供热，以及将电厂在低峰负荷时多余的电能转化为热能（如热水）或机械能（如压缩空气）贮存起来，供高峰负荷时使用。这样大量的热能或机械能的贮存，只有在地下空间中才有可能实现。再如，由于城市废弃物（垃圾）中的含热量越来越高，回收城市垃圾中的有机物和污水处理后的污泥中的热能，已在一些发达国家大城市中初步实现，这样一种能源回收系统，布置在地下空间中要比在地面上有利得多。日本的筑波科学城就建立一整套垃圾管道运送和焚烧处理系统，输送管道就布置在地下公用设施的"共同沟"中。同时，日本已经做出每年回收和利用废热折合石油1 200万～1 500万 t 的规划。

在开发新能源方面，太阳能的潜力最大，可谓取之不尽，用之不竭，但目前太阳能利用受到集热器效率不高和热能贮存问题的障碍，还不可能大规模地进行开发。地下空间的热稳定性和封闭性，为大量贮存太阳能提供了可能性。具体来说，就是把用各种方法收集起来的太阳能，通过一定的介质（如水、空气、岩石等），进行热交换后贮存到地下空间中。在需要时，经管道系统输送到用户或再转化成其他能源。使用后的热能温度降低，经过循环系统再加热后重新注入地下空间贮存。由于不同温度的介质的密度不同，故高温和低温的介质可以分上下两层贮存在同一地下贮库中，循环使用。

综上所述，可以认为，地下空间在一些大城市和特大城市中已经得到广泛的利用，但是地下空间资源还远远没有被充分开发，因此城市地下空间的开发利用有着广阔的前景，不论在缓解城市发展中的矛盾方面，还是对城市未来的发展，都将起到十分重要的作用，具有高度的战略意义。同时，开发利用城市地下空间，必须与本国的具体情况和城市的不同发展阶段相适应，制订出既考虑长远需要又现实可行的全面规划。

地下空间的开发利用是一项复杂的系统工程，对设计和施工也提出了更高的要求。在设计阶段，由于地下空间处于地层中，在地下空间的设计上不仅要保证地下、地面和地上一体化的城市景观质量；同时要针对地下空间缺乏自然光、外向景观和封闭性等特点，在内部空间环境设计时应处理好地面、地下的易达性，使室内环境具有开发感、通透感、动态感和自然化等特点；在创造空间舒适和美感的同时应强调地下防灾的特殊设计。在地下结构设计上要考虑地下结构与围岩形成一个统一的受力体系的特点,强调使用现代支护结构理论和方法。同时,由于地铁线网规划的深化,地铁换乘车站增加,换乘更加方便、快捷,但车站在基坑深度、层数、车站换乘方式等方面更加复杂,对结构设计要求提高;地铁换乘车站建筑功能要求不断提升,要求增加结构跨度,减小车站内部结构构件数量及尺度以便于建筑相关布置等;地铁车站与其他交通体系换乘接驳的功能更为全面,导致结构形式更为复杂,结构构件受力采用传统平面计算模型计算已经不能满足要求。在施工阶段,地下建筑周围介质为岩石或土壤,因而给地下工程的施工提出了特殊的要求。因此,地下工程的施工经历了从手工开挖发展到盾构施工,并逐渐形成了以信息化为指导的地下施工新模式。城市环境保护及拆迁难度提高等,对地下空间的施工等方面限制更加苛刻,结构与既有建筑、管线等相互影响,制约地下建筑的设计施工。因此地下空间设计施工的方法不仅要满足地下工程本身的使用功能要求以及合理开发利用地上、地下有效空间,而且要考虑由于施工给周围环境带来的不良影响。

1.2 地下综合体的概念

由多种不同功能的建筑空间组合在一起的建筑,称为建筑综合体(building complex)。例如,在一幢高层建筑中,在不同的层面以及地下室中布置有商业、办公、娱乐、餐饮、居住、停车等内容,这些内容在功能上有些相互联系,有些却毫不相干。经过进一步的发展,不同城市功能也被综合布置在大型建筑物中,成为城市综合体(urban complex),当城市综合体随着城市的立体化再开发而伴生于城市地下空间中,则称为城市地下综合体(underground urban complex),简称地下综合体。当城市中若干个地下综合体通过地下铁道或地下步行系统联系在一起时,形成规模更庞大的综合体群(complex cluster)。

地下综合体的规模有大有小,其建设目的和功能却有所区别,有的以改善地面交通为主,有的以扩大城市地面空间,改善环境,或保护原有环境为主;也有的是为了适应当地气候的特点而将城市功能的一部分转入地下空间。但地下综合体也有其相似之处,它们一般都包括以下一些内容:

(1)地下铁道(图 1-5)、公路隧道,以及地面上的公共交通之间的换乘枢纽,由集散厅和各种车站组成。

(2)地下过街人行横道(图 1-6)、地下车站间的连接通道、地下建筑之间的连接通道、出入口的地面建筑、楼梯和自动扶梯等内部垂直交通设施等。

(3)地下公共停车库(图 1-7)。

图 1-5 上海地铁人民广场站

图 1-6 北京长安街人行过街地道

(4)商业设施和饮食、休息等服务设施,文娱、体育、展览等设施,办公、银行、邮局等业务设施。

(5)市政公用设施的主干管线。

(6)为综合体本身使用的通风、空调、变配电、供水排水等设备用房和中央控

图 1-7 地下车库

制室、防灾中心、办公室、仓库、卫生间等辅助用房,以及备用的电源、水源、防护设施等。

1.3 地下综合体的分类和特点

1.3.1 地下综合体分类

城市地下综合体是具有多种城市功能的大型地下建筑集合。目前人类的空间危机最突出的表现,就是城市中心区的环境恶化。城市地下综合体能在一定程度上将地面的空间引入到地下,缓解城市中心区的拥挤状况,创造出良好的城市景观。同时,随着人类生产力的发展,以城市地下综合体为节点的地下空间网络也将出现,成为地下城市的雏形,并进一步为地上地下协同发展的未来城市的形成和运营提供保障。

城市地下综合体的产生是随着地下街和地下交通枢纽的建设而逐步发展的,其初期阶段是以独立单一功能的地下空间公共建筑而出现的,如 1930 年日本的早期地下街,欧洲国家战后建造的快速轻轨及道路交通枢纽系统等。伴随着社会的高度发展,城市繁华地带拥挤、紧张的局面带来的矛盾日益突出,高层建筑密集,地面空间环境的恶化促进了地下空间向多功能集约化的方向发展,如纽约市曼哈顿、费城的市场西区、芝加哥市中心、多伦多市伊顿中心、蒙特利尔、日本的东京等都建设了大规模的地下综合体。

根据地下综合体的功能,可将其分为如下类型:

1. 新建城镇的地下综合体

在新建城镇或大型居住区的公共活动中心,与地面公共建筑相配合,将一部分交通、商业等功能放到地下综合体中,可节省土地,使中心区步行化并克服不良气候的影响。这种地下综合体布置紧凑,使用方便,地面和地下空间融为一体,很受居民的欢迎。

2. 与高层建筑群结合的地下综合体

附建在高层建筑地下室中的综合体,其内容和功能多与该高层建筑的性质和功能有关,可视为地面建筑功能向地下空间的延伸。例如纽约的曼哈顿区、芝加哥市中心区、多伦多市中心区等,地面空间多被占用,街道阴暗狭窄,行人与车辆混杂现象比较严重;为改善这种状况,常常将高层建筑地下室与街道或广场的地下空间同步开发,使之连成一片,形成一个大面积的地下综合体,把建筑空间、地面开敞空间和地下空间有机地融为一个整体,对改变城市面貌起了较好的作用。

3. 城市广场和街道下的地下综合体

在城市的中心广场、文化休息广场、购物中心广场和交通集散广场,以及交通和商业高度集中的街道和街道交叉口,都适合于建设地下综合体。首先,在这些地点,各种城市矛盾,特别是交通矛盾较为突出,因而也是城市再开发的主要位置;其次,广场和街道的地下空间比较容易开发,尤其是广场,建筑物和地下管线的拆迁问题和对地面交通的影响都较小。

1.3.2 地下空间结构设计特点

城市地下空间建筑选用结构类型应从建筑功能、地质情况、环境条件、建筑材料、施工方法等因素以及结合地下建筑的特殊性进行综合考虑。一般工程中可采用耐久性好、施工可塑性强的现浇钢筋混凝土结构;大空间的洞穴中可使用钢结构;对于地质条件较好的浅埋小跨度结构(如粮仓、隧道等)则可选用砌体结构。

在结构体系方面,地下建筑最常用的类型为框架结构、外墙内框结构、板墙结构、板柱结构、排架结构、拱壳结构。框架结构多用于高层建筑地下室、水电厂厂房、地下车站等;外墙内框结构、板墙结构,多用于有地下连续墙的工程;板柱结构是人防工程地下车库常用的结构体系;排架结构多用于洞穴中的单层厂房,不承受土压力;拱壳结构多用作结构的顶盖,主要承受土压力。结构体系的选型应在满足使用要求的前提下做到安全、经济、施工方便。

与地面土木工程结构相比,城市地下空间结构在以下几个方面存在着结构设计与计算上的特殊性:

(1)工程受力特点不同。地面工程先有结构,后有荷载;地下结构先有荷载,后有结构。

(2)工程材料特性的不确定性。地面工程材料多为人工材料:如钢筋混凝土、钢材、砖等。这些材料虽然在力学与变形性质等方面也存在变异性,但是,与岩土体材料相比,不仅变异性要小得多,而且人们可以加以控制和改变。地下工程材料所涉及的材料,除了支护材料性质可控制外,其工程围岩均属于难以预测和控制的地质体。地质体是经历了漫长的地质构造运动的产物,它不仅包含了大量的断层、节理、夹层等不连续介质,而且还存在着较大程度的不确定性,其不确定性主要体现在空间分布和随着时间的变化上。

(3)工程荷载的不确定性。对于地面结构,所受到的荷载比较明显,虽然某些荷载也存在随机性,但其荷载值和变异性与地下工程比相对较小。对于地下工程,工程围岩的地质体不仅会对支护结构产生荷载,同时它又是一种承载体。因此,不仅作用到支护结构上的荷载难以估计,而且此荷载又随着支护类型、支护时间与施工工艺的变化而变化。

(4)破坏模式的不确定性。工程的数值分析与计算的主要目的在于为工程设计提供评估结构破坏或失稳的安全指标。这种指标的计算是建立在结构的破坏模式基础之上的。对于地面结构,其破坏模式一般比较容易确定,在结构力学和土力学中已经了解。例如强度破坏、变形破坏、扭转失稳破坏等。对于地下结构,其破坏模式一般难以确定,它不仅取决于岩土体结构、地应力环境、地下水条件,而且还与支护类型、支护时间与施工工艺密切相关。

(5)地下工程信息的不完备性。地质力学与变形特性的描述或定量评价取决于所获得信息的数量和质量。然而,对于地下工程只能在局部的有限的工作面或露头获取。因此,所获取的信息是有限的、不充分的,还可能存在错误资料或信息。

1. 地下空间的结构设计的特殊考虑

(1)地下空间是用结构作支承替代原本由地层承受的荷载,替代过程中未被开挖的附近地层必然产生变形,设计和施工不可能阻止这种变形的发生,但应把变形控制在允许范围内,即控制在发挥地层自承载能力的变形范围内,以减少工程造价。

(2)地下空间的维护结构是在受荷载状态下施工的,设计时要考虑地层荷载的作用,地层荷载作用力随着施工进程在变化,设计中要考虑到最不利的情况。

(3)地下空间结构上的地层荷载由工程的地质情况确定,对于土体一般可按松散连续体来计算;如是岩石,不仅要考虑岩石的种类,而且要查清岩体的构造、节理、裂隙等,才能使结构上的地层荷载准确可靠。

(4)地下水的状态对地下空间的结构设计施工影响较大,在设计前必须弄清楚地下水层的分布和变化情况,以及地下水的静、动水压力,地下水的流向和水质对结构的腐蚀影响等。

(5)地下空间的结构计算不仅要计算建筑物使用后的结构受力情况,还要计算结构在施工过程中尚未形成整体结构时的受力情况,所以地下建筑结构的设计是一个从施工到使用全过程的结构设计。设计中要注意利用地层的自稳定特性,注意利用施工辅助结构变成为最终结构的一部分,以节省造价。

(6)在设计阶段地质资料只是由许多勘测点延伸推算的概略状况,有可能与实际施工位置的不一样,实际的地质条件只有在施工过程中才能了解到,因此,地下空间结构应根据施工时的实际情况,随时修改设计。

2. 地下空间设计的发展趋势

(1)采用空间计算模型

随着计算机硬件及结构计算软件的发展,计算机运算速度加快,各类软件建立空间模型的前后处理更加便利,计算的成本、计算需要的时间大幅度下降,结构材料模型的不断优化,空间计算已经不存在大的问题;采用空间计算模型,针对不同类型的车站,在正确选取材料模型、计算参数的前提下,通过计算得到更加接近真实情况的结果,可以用于指导设计。对一般标准车站完全可以采用空间模型计算,而对解决换乘车站、复杂车站结构受力计算分析,其难度已经不大,只是在建模时间、结果处理分析时间等方面略长。

采用空间计算模型,能够在结构内力、应力图中找到结构可能存在的应力集中位置,在设计中针对性地采取加强措施;在保证安全的前提下,可以有效减少结构受力配筋、增加构造钢筋(如纵向钢筋),提高应对温度应力、地基变形等方面的能力。例如,在深圳地铁某十字换乘车站设计前,进行了空间模型计算,并与标准车站断面计算配筋对比发现:

空间计算模型受力状况的正确与否,需要进一步结合实际工程,进行必要的钢筋应力等监测等,逐步收集相关施工监测资料,并对空间计算模型进行反馈,做到理论结合实际,不断优化空间计算模型(图1-8)。

(2)采用型钢混凝土纵梁及型钢混凝土柱(或钢管混凝土柱)

采用型钢混凝土纵梁及型钢混凝土柱(或钢管混凝土柱),一方面可以有效提高梁、柱承载力,减少梁高度,可以减少地下车站基坑深度,减少工程造价;可以减少柱截面尺寸,加大结构柱间距,真正实现大跨度,增加地下可利用空间。另一方面,因车站的中柱及纵梁属于车站结构抗震时最薄弱环节,采用型钢混凝土纵梁及型钢混凝土柱(或钢管混凝土柱),对地铁车站的抗震有利。

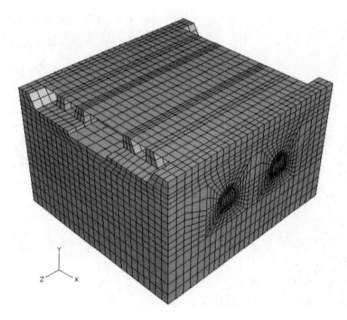

图 1-8　地铁开挖空间计算模型

在高层房屋结构设计中,型钢混凝土梁、柱结构体系已经被广泛采用。但已建的地铁车站中采用仍较少。已建地铁车站中也有采用型钢混凝土纵梁及型钢混凝土柱(或钢管混凝土柱),但仅在少量暗挖车站、盖挖逆做法施工的车站中采用,主要原因也是因车站施工条件、施工方法等限制而不得不采取的形式。

理论计算表明,相对一般的钢筋混凝土梁柱结构,采用型钢混凝土纵梁及型钢混凝土柱(图 1-9)或钢管混凝土柱,结构有较好的延性,能够有效吸收地震能量,对地铁车站结构的抗震有利。我国地面建筑中地震的经验及在日本神户地震的经验也证明,采用型钢混凝土纵梁及型钢混凝土柱(或钢管混凝土柱)结构的抗震性能较好,也便于修复,可以尽快恢复地铁的正常运营。

(3)采用拱形结构

一般地铁车站,常沿道路方向设置在城市主要干道下,往往需要覆土满足城市道路交通、管线等相关要求。如车站因线路要求或其他原因需要顶板的覆土厚度较大时,可在车站的结构形式上充分借鉴暗挖矿山法,在顶板、底板采用拱形结构(图 1-10、图 1-11)。如仍采用普通平板结构,因覆土厚度问题,结构板支座、跨中及柱的内力大,相应引起结构梁、板、柱尺寸较大,安全性差,且工程造价高,不经济。采用拱形结构,可以减少顶板中部位置覆土厚度,对柱受力较为有利,同时充分利用板墙等混凝土结构的抗压性能,减小板墙结构的弯矩及剪力,使结构受力更为合理,可以减少结构板墙厚度,节省工程造价。设计中,也可以

图 1-9　型钢混凝土柱

充分利用拱形结构上部空间作为环控通风等管线的通路,有效降低车站层高,减少车站基坑深度。采用拱形结构,也可以在一定程度上加大结构跨度,充分利用地下空间。拱形结构施工,对施工管理的要求比一般车站的施工相应提高,尤其是在顶底板支模、钢筋绑扎、混凝土浇筑等工序上需要采用严格的工艺控制,才能保证结构施工质量,满足地铁长期使用要求。

图 1-10　莫斯科地铁车站大厅

图 1-11 拱形地下引水隧道

(4)采用预应力混凝土结构

预应力混凝土结构充分利用混凝土的抗压性能,可以减少混凝土的用量,减轻结构自重。地面建筑、桥梁结构因大跨度等方面的要求,采用预应力结构越来越多。按照规范要求,地铁结构需要有 100 年的设计使用年限。在目前条件下,对预应力材料、预应力结构能否达到 100 年的设计年限,缺乏广泛的实际数据支持。只能通过试验等方法逐步摸索,另外,地下水对预应力结构的使用年限的影响等问题,相关的研究尚不多。地铁工程很少见到预应力结构的工程记录,仅在对苏联地铁的介绍中提到,在部分车站采用预制构件,但构件接头位置的防水问题也是这种结构形式的弱点。地铁车站结构因建筑布置等方面的要求,需要尽量减少中立柱数量,加大结构跨度,相应地铁车站的顶板、顶纵梁及底板、底纵梁等截面尺寸大,重量大。如能采用预应力结构,对于结构受力、增加结构跨度等方面均有利,有条件位置可以适当采用。

1.3.3 地下综合体建筑设计特点

国外已经出现了多个大型城市地下综合体相连接形成地下城的实例,如加拿大蒙特利尔地下城等。但就我国目前地下空间利用的实际情况来看,目前还处于起步发展阶段,规模不大。目前,我国城市地下综合体的发展重点为:将城市地下商业与城市地下交通系统或城市高层建筑地下室相结合,并组织与其配套的餐饮、娱乐等功能。因此,以下关于城市地下综合体建筑设计特点的阐述将主要针对以上提到的这种表现形式,这也是我国目前将要重点开发建设的模式。

地下建筑与地上建筑具有明显的区别,根据地下综合体的特点,其建筑设计通常具有以下特征:

1. 地下综合体的建筑设计特点

(1)没有外立面设计,一切从内部功能结构出发;

(2)内部空间设计要兼顾到消除人们的地下不安情绪;

(3)通过对人行车行流线的合理设计,建立地下空间中良好的方向感;

(4)要处理好地下综合体与地下交通系统和地上街道及地上交通系统的联系。

2. 地下综合体的建筑技术特点

地下综合体在技术上的特点,其实也是技术上的重点与难点问题,可用四个字来概括:

(1)水:即施工时地下水的处理问题,以及使用期的排水问题。地下建筑物与地面建筑物相比,渗漏水的可能性更大,如果地下建筑物有一部分在地下水位以下,防水的问题就更为突出。

(2)火:地下建筑物与地面建筑物相比不易受到火灾的危害,因大多数地下建筑物都是用混凝土建造在土中或岩石中,结构材料具有防火性能,能够防止火灾向其他建筑物蔓延,也可防止外部火灾的波及。但是,一旦发生火灾,由于其疏散口数目及口部大小受地下环境制约,救援和紧急安全疏散则不及地面建筑物方便,因此地下建筑物的防火措施需要比地面建筑物考虑得更周全。

(3)风:地下建筑物自然通风条件差,必须有强大的机械通风保证。

(4)光:由于建筑物的一部分或全部都在地下,地下建筑物自然光采光条件差,也缺乏室外景观,这都使设计受到限制。目前,几何光学的引导系统和光导纤维的引光系统正在被研究应用。

1.4 国内外城市地下空间的发展状况

21世纪是人类地下空间开发利用的世纪。地下空间的开发,对于解决城市用地紧张、交通拥堵、改善城市环境、保护城市景观、减少土地资源的浪费等方面都有着不可替代的作用。

在交通方面,地铁、各种地下通道及至地下停车场能有效地缓解城市交通紧张状况,分流地面的"人龙";同时,地下交通线路相对短,可迅速到达目的地,安全可靠方便,减少交通事故。

在环保方面,地下无自然噪声,综合开发地面地下,有利于减少城市污染,避免生产生活相互干扰。同时,将更多的公共设施引入地下,腾出更多的空间美化环境,保持生态平衡。人们还可以在腾出的地面上开辟更多的休闲广场、绿地,尽情地享受阳光与新鲜的空气。

国内外城市的发展经验表明,一个城市或地区的人均GDP超过3 000美元时,即具备大规模有序开发利用城下空间资源的经济基础。城市综合地下空间的开发是社会经济发展和区域发展的必然要求。

在国外,近代地下空间的开发比较早,功能从原来的单一性到目前的综合性,商业、轨道交通、公共交通、出租车、小汽车等多种功能得到合理整合和安排,地下、地上空间利用已融为一体,成为城市发展不可缺少的一部分。目前,日本、德国、美国等国家地下空间利用水平比较高。

在美国的波士顿,原先的高架路已经"搬到"了地下,通过修建地下道路,缓解交通拥堵,降低城市12%的一氧化碳排放量,增加城市绿地和开敞空间建设,已使城市在许多方面受益。

同样位于北美洲的加拿大建成了发达的地下步行道系统。加拿大的多伦多和蒙特利尔,也有很发达的地下步行道系统,其中蒙特利尔的地下城(RÉSO)是世界上最大的地下城系统。以其庞大的规模、方便的交通、综合的服务设施和优美的环境享有盛名,保证了那里在漫长的严冬气候下各种商业、文化及其他事务交流活动的进行。蒙特利尔地下城(图1-12)目前拥有总共32 km长的地下隧道,地下城的总覆盖面积已达到12 km^2。与其连接的设施包括地铁,大大小小的购物中心,公寓,旅馆,银行,体育馆,办公大厦,大学,博物馆,七个地铁站和两个市内轻轨列车站和长途汽车站。地下城一共有120个地上出入口,与这些100多个出入口连接着的包括蒙特利尔市中心80%的办公面积和35%的商业面积。在冬天大概每天有50万人使用地下城的各种设施。因为地下城,蒙特利尔有时被人们称作为双层城市(double-decker city)和城市二合一(two cities in one)。

多伦多地下步行道系统在20世纪70年代已有4个街区宽、9个街区长,在地下连接了20座停车库、许多旅馆、电影院、购物中心和1 000家左右各类商店;此外,还连接着市政厅、联邦火车站、证券交易所、5个地铁车站和30座高层建筑的地下室。这个系统中布置了几处花园和喷泉,共有100多个地面出入口。加拿大政府的地下步行体系说明,在大城市的中心区建设地下步行道系统,可以改善交通、节省用地、改善环境、保证恶劣气候下城市的繁荣,同时也为城市防灾提供了条件,其经验是要有完善的规划、先进的设计,其中重要的问题是安全和防灾,系统越大,问题越突出。通道应有足够数量的出入口和足够的宽度,避免转折过多,并应设明显的导向标志。

图 1-12　加拿大蒙特利尔地下城

在日本的东京,依托四通八达的地下铁路,把地铁沿线的物业全部连接起来。在欧洲,由于多数地区地下空间开发利用较早,是地下空间开发利用的先进地区,例如瑞典和法国。瑞典的大型地下排水系统、大型地下污水处理厂、地下垃圾回收系统等在数量和利用率方面均处于国际领先地位。巴黎的地下建设了83 座地下车库,可容纳 43 000 多辆车,弗约大街建设有欧洲最大的地下车库,地下四层,可停放 3 000 辆车。

我国城市地下空间利用发展不平衡,台湾、香港、北京、上海、杭州、广州、深圳等大城市发展较其他城市好,但由于我国起步晚,与发达国家还有较大差距。在 20 世纪 60~70 年代,我国有计划大规模地建设了一批以人防为主的地下工程,随着国际关系趋向缓和我国综合国力的提升,我国逐渐把地下空间利用的出发点从防空工程转移到国防与经济建设综合考虑上,基本形成了"平战结合,为民造福"的地下空间利用指导原则。

1.5　地下综合体火灾危险性及防控分析

1.5.1　火灾发生的条件与分类

众所周知,火在人类文明的历史进程中所起的作用是不可估量的。然而,它给人类造福的同时,也给人类带来了灾害。人类在利用火的同时,也在不停地与火灾进行斗争。可以说,人类的历史有多久,人类与火灾进行斗争的历史就有多久。弄清火灾发生的条件,对于预防火灾、控制火灾和扑救火灾有着十分重要的意义。

火灾是火失去控制而蔓延的一种灾害性燃烧现象,通常包括森林、建筑、油类等火灾及可燃气体和粉尘爆炸。

1. 火灾发生的条件

火灾发生的条件包括可燃物、氧化剂和点火源。

(1) 可燃物

一般说来,凡是能在空气、氧气或其他氧化剂中发生燃烧反应的物质都称为可燃物。可燃物按其组成可分为无机可燃物和有机可燃物两大类。从数量上讲,绝大部分可燃物为有机物,只有少部分为无机物。

(2) 氧化剂

凡是能和可燃物发生反应并引起燃烧的物质,称为氧化剂。氧化剂的种类很多,氧气是一种最常见的氧化剂,它存在于空气中。因此,一般可燃物质在空气中均能燃烧。

(3) 点火源

点火源是指具有一定能量、能够引起可燃物质燃烧的能源,有时也称为着火源。点火源的种类很多,如明火、电火花、冲击与摩擦火花、高温表面等。

可燃物、氧化剂和点火源,通常称为发生火灾的三要素,缺一不可。

2. 火灾的分类

根据火灾发生的场合,火灾主要分为建筑火灾、森林火灾、工矿火灾、交通运输工具火灾等类型。其中,建筑火灾对人类的危害最直接、最严重,这是由于各种类型的建筑物是人们生活和生产活动的主要场所。高层建筑中,楼层多、功能复杂、人员密集、装饰可燃材料多、电气设备与配电线路密集,高层建筑火灾具有以下特点:

①火灾隐患多,危险性大(烟头、线路事故)。

②由于风力作用,火势发展极为迅速。

③由于竖井管道"烟囱效应",烟气运动速度快(1 min 烟气传播 200 m),烟气是火势蔓延和人员伤亡的重要原因。

④人员疏散、营救及灭火难度大。

⑤人员伤亡惨重。

(1) 根据《火灾分类》(GB/T 4968—2008),按照物质的燃烧特性,把火灾分为以下六类:

A 类:固体物质火灾。这类物质通常具有有机物性质,一般在燃烧时产生灼热的余烬。如木材、棉、麻、毛、纸张等火灾。

B 类:液体成可熔化的固体物质火灾。如汽油、煤油、柴油、原油、甲醇、乙醇、沥青、石蜡等火灾。

C类：气体火灾。如煤气、天然气、甲烷、乙烷、丙烷、氢气等火灾。

D类：金属火灾。如钾、钠、镁、钛、锆、锂、铝镁合金等火灾。

E类火灾：带电火灾。物体带电燃烧的火灾。

F类火灾：烹饪器具内的烹饪物（如动植物油脂火灾）。

(2)根据火灾损失严重程度，火灾分为特大火灾、重大火灾和一般火灾。

特大火灾是死亡10人以上（含10人），重伤20人以上；死亡、重伤20人以上；受灾50户以上；烧毁物质损失100万元以上。

重大火灾是死亡3人以上（含3人），重伤10人以上；死亡、重伤10人以上；受灾30户以上，烧损物质损失30万元以上。

一般火灾是不具备重大火灾的任一指标。

1.5.2 地下综合体火灾危险性

1. 火灾的危害

火灾是各种灾害中发生最频繁且极具毁灭性的灾害之一，按各种灾害损失综合估算，火灾造成的直接经济损失约为地震带来损失的5倍，仅次于干旱和洪涝所造成的损失，而发生的频率则居各种灾害之首。同时，火灾还具有"自然"和"人为"的双重性。

火灾对国民经济和生态环境的危害是严重的，根据世界火灾统计中心的结果，许多发达国家每年火灾直接经济损失占国民经济总产值的0.2%左右。表1-1是1998年～2002年世界一些国家和城市的火灾情况。

表1-1 1998年～2002年世界一些国家和城市的火灾情况

国家	美国	英国	法国	德国	中国	日本	韩国	马来西亚	菲律宾
平均每年次数	1 863 000	422 000	365 000	205 000	135 000	60 000	82 000	17 000	8 000
平均10万人口次数	688.5	893.6	625.0	159.1	10.8	47.6	68.3	56.6	10.5
平均火灾死亡人数	4 245.0	580.2	4 058.2	671.0	3 063.6	2 058.2	546.5	30.6	242.0
城市	纽约	伦敦	巴黎	柏林	北京	东京	首尔	马尼拉	雅加达
平均每年次数	82 000	46 000	19 000	9 000	4 000	5 000	7 000	4 000	755
平均10万人口次数	1092.4	648.7	307.8	283.7	34.4	61.6	68.5	37.3	8.3
平均火灾死亡人数	114.0	101.4	51.0	—	47.8	97.2	93.8	84.8	50.0

图1-13～图1-16是我国在1993年～2004年中火灾情况。仅2002年，全国就发生火灾258 315次，造成死亡2 393人，伤残3 414人，直接财产损失15亿元。

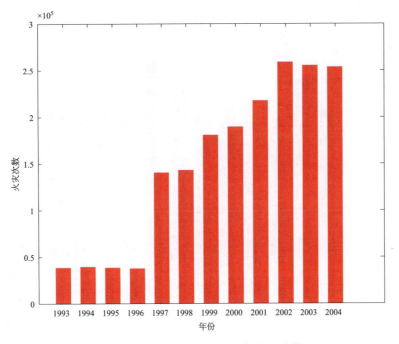

图 1-13 我国 1993 年～2004 年火灾次数

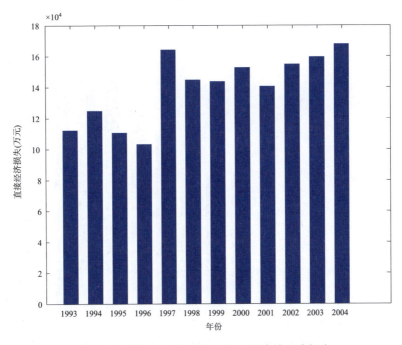

图 1-14 我国 1993 年～2004 年火灾直接经济损失

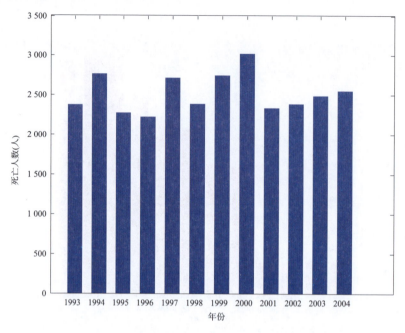

图 1-15　我国 1993 年～2004 年火灾死亡人数

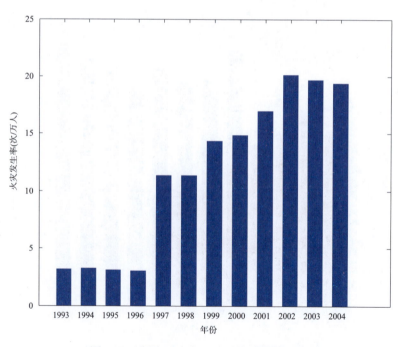

图 1-16　我国 1993 年～2004 年火灾发生率

中国是发展中国家,处于经济上升期,城市化程度不断提高。我国城市化进程对火灾的影响见表1-2。从1990年～2000年,我国城市数量上升83.7%,城镇总人口上升53.3%。与此同时,城市火灾起数上升82%,死伤人数分别上升59%和13%,直接损失上升58%。由于城市具有生产集中、人口集中、建筑集中和财富集中等特点,同时伴随有可燃物、易燃物品多,火灾危险源多等现象,这就导致了城市火灾损失呈上升趋势,城市火灾损失大部分是由建筑火灾造成的。

表1-2 我国城市化进程对火灾的影响(1990年～2000年)

	项 目	单位	2000年底	1990年底	增长率(%)
城市化指标	城市数	个	690	464	48.7
	建制镇数	个	20 312	11 060	83.7
	城镇人口数	万人	45 844	25 094	82.7
	建成区面积	km^2	22 439	12 856	74.5
	人口密度	人/km^2	441	279	58.1
	房屋建筑面积	10^7 m^2	76.6	39.8	92.5
	住宅面积	10^7 m^2	74.1	19.6	278.1
	家庭煤气用量	10^5 m^2	630 937	274 127	130.2
	家庭天然气用量	10^5 m^2	347 580	112 662	208.5
	家庭液化石油气用量	10^5 m^2	1 053.7	203.0	419.1
火灾指标	火灾起数	次	75 310	14 125	433.2
	死亡人数	人	18 161	779	2 231.3
	伤残人数	人	2 806	2 451	14.5
	经济损失	万元	78 262	33 365	134.6

2. 地下综合体建筑火灾的危害

如前所述,地下综合体由于出入口数量受限,救援和紧急安全疏散不便,一旦发生火灾,容易造成较大损失。

根据我国的火灾统计,从1997年～1999年,我国每年地下建筑火灾发生次数约为高层建筑的3～4倍,火灾中死亡人数约为高层建筑的5～6倍,造成的直接经济损失约为高层建筑的1～3倍。进入21世纪,地下建筑火灾略有减少,但火灾死亡人数仍数以百计,见表1-3和表1-4。

表 1-3　1997 年～1999 年高层建筑与地下建筑火灾数据统计

火灾损失	火灾次数（次）			死亡人数（人）			直接经济损失（万元）		
年份	1997	1998	1999	1997	1998	1999	1997	1998	1999
高层建筑	1 297	1 077	1 122	56	47	66	9 682.6	4 650.9	4 749.9
地下建筑	4 886	3 891	4 059	306	288	340	14 101.7	13 350.4	12 952.7

表 1-4　2000 年～2002 年高层建筑与地下建筑火灾数据统计

火灾损失	火灾次数（次）			死亡人数（人）			直接经济损失（万元）		
年份	2000	2001	2002	2000	2001	2002	2000	2001	2002
高层建筑	18 432	15 270	16 349	736	614	652	33 846	22 840	20 909.6
地下建筑	2 439	1 993	2 029	480	174	158	5 950	4 463.3	4 034.4

自 1990 年起，由 720 名日本专家组成的课题组进行了为期 3 年的系统调研，收集了发生于 1970 年～1990 年期间地下空间内的各种灾害，分别列出日本国内案例 626 个和国外案例 809 个，并进行归类。按照事故发生次数排列出的各种灾害顺序表明，无论是日本还是其他国家，火灾案例约占事故总数的 1/3，所以地下建筑火灾是最不容忽视的地下空间灾害。

在各类地下综合体中，以地下商场为主的地下空间结构发生火灾的次数是最多的，造成的人员伤亡和经济损失也是最大的，一些早期的统计结果见表 1-5。

表 1-5　1998 年～2000 年不同用途地下建筑火灾数据统计

起火场所	起数			人员死亡			人员受伤			直接损失（万元）		
	1998	1999	2000	1998	1999	2000	1998	1999	2000	1998	1999	2000
商店商场	278	237	252	52	46	23	29	52	46	1 937	1 627	1 200
集贸市场	47	30	47	3	2	2	5	3	4	149	132	153
歌舞厅	63	66	58	3	7	13	2	6	2	559	434	303
宾馆饭店	204	209	193	2	5	30	23	31	68	623	397	579
影剧院	9	7	6	1						22	36.9	30.3
学校	46	39	35		3	1	3		5	50.9	40.3	41.3
车站	12	5	11	3			1		2	23.0	17.3	27.5
办公用房	142	96	79	3		2	4	1	4	241	313	85.2

由表 1-5 可见，在地下公共场所中地下商场是发生火灾次数最多，造成人员伤亡、经济损失最严重的场所，其消防安全工作甚为重要。例如，1980 年 3 月 16

日,日本静冈市火车站前地下商场发生火灾,燃烧了 6 h,死亡 12 人,伤 200 余人,经济损失巨大。又如我国江西省南昌市福山地下贸易中心共有 3 层,总建筑面积 7827.5 m^2,第 1 层既是人行过道又是商场,第 2 层开设旅舍、饭店等,第 3 层为青年宫娱乐场。1988 年 9 月 15 日 0 时 40 分,该贸易中心因柜台内的可燃物引起特大火灾,大火延烧了 17 个多小时才被扑灭,造成地下商业街中心线长约 260 m,宽 6 m,共 1 560 m^2 面积的环形主干道及 68 户店面被烧毁,直接经济损失达 148.7 万余元。

随着我国地下商场的广泛利用和不断兴建,各地消防部门通过了解地下综合体的分类、分布、建筑特点、通风形式、消防设施等基本情况,对城市地下综合体进行了较为广泛的调查研究,发现普遍存在严重的火灾隐患,同时调研结果也反映出大型地下商场火灾疏散扑救难度极大,具体表现为:

(1)建筑空间超大,格局复杂

为吸引客流、便利商品流通,大型地下商场多位于繁华街道、广场、十字街等处,其建筑空间超大,内部格局复杂,特别是环形地下商城,经常使购物、娱乐人员摸不清方向。利用社区人防工程开办的地下商场,原有结构并非为商业设计,走道狭窄,开间小,转过一弯又一弯,拐过一厅又一厅;通道和出口一般都是单向、尽端型,而且走道上还摆放货物,对疏散十分不利。

(2)商品火灾荷载密度高

一些大型地下综合体以经营服装、鞋帽、化妆品为主,大部分商品是化纤、皮革、橡胶等可燃、有毒物品,其燃烧速度快、发烟量大、燃烧产生烟气毒性大。一些商品属于易燃易爆危险物品,如摩丝、发胶、杀虫剂及各种清新剂等,火灾危险性非常大。大型地下商场商品以批发为主,经营往往是"前柜后库",甚至"以店代库"。为了招徕顾客,商铺将一部分商品悬挂起来,一旦失火,火焰传播快,极易形成立体燃烧。有些商场还在某些不该设置柜台的地方增设柜台或设临时促销货架,挤占通道或出口,严重影响安全疏散。

据统计,大型地下商场火灾荷载密度一般达到 25~100 kg/m^2,如此高的火灾荷载密度,在得不到充足的空气情况下,燃烧时间将会持续 6~18 h,是地面同样荷载燃烧时间的 3 倍,增加了疏散和扑救的难度。

(3)用电负荷大

由于大型地下综合体不能自然采光,因此除事故照明外,所需正常照明设备较多。例如,广州康王商业城负一层面积为 22 898 m^2,仅照明灯约 8 000 盏。同时商场还大量使用照明设施来烘托气氛,如吊顶埋入了满天星式桶灯、射灯,橱窗、柜台、展示板等部位安装霓虹灯等。经营家电和照明的部门,为了测试的需要,设有临时电源插座。此外,为了方便顾客,商场内附设的服装加工、电器修理部门等要使用电熨斗、电烙铁等加热器具。这些电气设施在地下商场内形成了一个从上到下的立体网络。因此大型地下综合体中电气设备品种数量之多和线路复杂的程度，都是其他公共建筑难以比拟的。另外地下建筑内部潮湿，易加速各种电器设备绝缘老化。安装在商场顶、柱、墙上的照明、装饰灯，大多是采用带状方式或分组安装的荧光灯具，其镇流器易发热起火。通风不良又会造成柜台内各种射灯等局部烘烤的热量难以散发，极易烤燃商品。此外，多数大型地下商场为保证通风、采光系统的正常工作，都自备有一定数量的油料，在具有大量可燃物的场所大量用电，是公认的致灾因素。

(4)人员疏散困难

大型地上商场已成为公共场所中人员密度最高、流量最大的场所。一些城市的大型商场每天接待的顾客人数高达20余万人。据报道，广州天河城百货商场节假日期间每天顾客超过百万人。

大型地下商场同样具有人员集中，流动性大的特点。据调查，长春市互相连通的几大商贸中心双休日时日客流量可达20万～25万人次。经对总面积为98 412 m^{2}的哈尔滨市南岗地下商贸城人员流动量的测算，在人员流量高峰时，同一时间约有4万余人滞留其中。根据南方地区几个市级商店星期日高峰时间的测定，底层营业厅高峰时顾客密度为2.45人/m^2，平均密度为1.76人/m^2，远远超过《人民防空工程设计防火规范》(GB 50098—2009)的有关规定，即地下一层人员密度指标为0.85人/m^2，地下二层人员密度指标为0.80人/m^2。因此，地下商场当初的设计疏散能力已经不能满足现实的疏散要求。此外，商场顾客具有盲目性、方向性差，体质素质参差不齐，缺少消防安全意识和自我保护能力的特点，危急情况下会急于逃生，互相拥挤，堵塞疏散通道，给救援和灭火工作造成极大障碍。

(5)安全出口数量及宽度不足，导向标志不易发现

《人民防空工程设计防火规范》(GB 50098)、《建筑设计防火规范》(GB 50016)以及《高层民用建筑设计防火规范》(GB 50045)等都有类似规定，即"每个防火分区安全出口的数量不应少于两个，并且有一个直通地上的安全出口"，"安全出口门、楼梯和疏散走道的宽度应按其通过人数每100人不小于1米净宽计算；每樘门的疏散人数不应超过250人"。但从目前实际情况看，大多数地下商场的安全出口设置达不到这一标准。例如哈尔滨市某地下商贸城，设有94个防火分区，应有安全出入口最低标准为188个，而现今仅有69个，按标准缺少63%。在人员流动高峰时，每个安全出入口需承担580人的疏散任务，超出标准2.3倍。

大型地下商场内设置的安全导向标志，目前多数都设在顶棚。由于货架、悬

挂物的遮挡,正常情况下购物人员不会注意这些标志,一旦发生火灾,无法快速疏散。

(6)装修考究,隐蔽工程多

由于大型地下商场空调、防排烟、火灾自动报警及自动灭火设施管线繁多,错综复杂,商场往往进行大面积装修。为营造浓厚商业气氛,商家力求装修的多样化和高标准。但由于市场上可供选择的非燃烧材料较少,商场内部分装修材料未达到全部非燃化,甚至大量使用了一些高分子可燃材料,导致发生火灾后发烟量大,燃烧速度快。1983年8月19日某市地下会场发生火灾,发现起火后仅10 min,540 m² 的钙塑板吊顶已全部烧毁,从洞口涌出的烟刺激性气味大,严重威胁人员的生命安全。消防队接到报警3 min后赶到现场时,已无法进内扑救。商场吊顶内情况复杂,隐蔽工程现象十分突出,而且电气线路或管道隔热材料等起火后不易被发现,容易出现火灾沿装修表面蔓延、迅速扩大从而无法控制的现象。

(7)消防设施不够完备,安全管理不到位

"平战结合"的人防工事,在构建时几乎没有考虑内部消防设施,尽管投入使用后经过改造,但其消防水源、消防应急照亮装置等仍然满足不了防火安全要求。即使是新建的地下商场要完全按照《建筑设计防火规范》(GB 50016)设置安全出口,配置消防设施也存在很大困难,而且两者在消防安全管理方面存在很大的不足之处。

①企业领导和从业人员对消防安全的重视不够,导致商品侵占消防通道、违章用电等现象普遍存在。

②建筑消防设施是设置在建筑物内部,用于及时发现、确认火灾及扑救火灾的设施,对保障建筑的消防安全发挥着重要的作用。然而,许多商场忽视了日常的维护管理,致使消防设施出现各种问题,不能发挥其应有的作用。

③部分商场不能按照《人民防空工程设计防火规范》(GB 50098)及《建筑设计防火规范》(GB 50016)对不合格的部位进行改造,致使火灾隐患迟迟得不到整改。

④从业人员流动性大,部分人员未经过消防安全培训,消防安全观念淡薄,防灭火常识匮乏。

⑤部分商场未能制定出一整套切实可行的人员疏散预案。

1.5.3 地下综合体火灾防控分析

如前所述,地下综合体建筑的火灾防控必要性十分突出,目前国内外各有关研究机构均开展了一些针对性研究,以下一些问题上仍值得探讨:

1. 传统防火设计中火灾分区的合理设置

《建筑设计防火规范》要求:地下商场每个防火分区的建筑面积不能超过 2 000 m²;每个防火分区必须有一个直通室外的安全出口;总建筑面积超过 2 万 m²,必须设置防火墙。但是,对于建筑面积为几万平方米甚至更大的大型地下商场,即便按照 2 000 m 设置一个分区,仍需设置数十个防火分区、数十个直通室外的楼梯间,这就造成地下商场的地上部分楼梯间林立,不能有效利用空间且不美观,大量直通地面的楼梯间更加影响了地下商场的内部布置;而且用防火墙分隔的 2 万 m² 面积通常还不能满足大型地下综合体的功能需要。因此大型地下商场完全按照规范进行防火设计存在一定困难。目前,对这类超大面积的地下商场都可以利用性能化分析与设计的手段,研究寻找建筑物的合理防火设计方案,使得建筑物经过防火设计改造后,达到保证人员、财产安全的目的。

2. 性能化防火设计方法研究

传统防火设计规范又称为"处方式"防火设计规范。规范以条文的形式规定出各类建筑的防火分区、安全疏散、消防给水、防排烟及报警系统等设计参数和技术指标。设计人员根据所设计的建筑物形式,结合个人的实践经验"对方抓药"制定出设计方案。一般情况下,设计者只要按照规范规定进行设计,就认为该建筑的防火安全是符合要求的。

但事实上,每座建筑的用途、结构、内部可燃物的数量和分布,以及内部人员构成都不一样,因此设计时强行采用原则上统一的参数指标,所获得的设计方案并不一定是最科学、最合理、最有效的方案,同时也无法评估该设计方案的实际防火安全程度。例如,设计者可以控制人员到建筑物外部的最大允许行走距离,却没有考虑最后一个使用者在逃离之前建筑物内烟气的扩散程度,因而安全疏散的目的能否完全达到也就值得怀疑。

性能化防火设计方法是建立在消防安全工程学基础上的一种新的建筑防火设计方法。它运用消防安全工程学的原理和方法,根据建筑物的结构、用途和内部可燃物等方面的具体情况,考虑火灾本身发生、发展和蔓延的基本规律,结合实际火灾中积累的经验,通过对建筑物及其内部可燃物的火灾危险性进行综合分析和计算,从而确定性能指标和设计指标;然后再预设各种可能起火的条件和由此所造成的火、烟蔓延途径以及人员疏散情况,来选择相应的消防安全工程措施,并加以评估,核定预定的消防安全目标是否已达到;最后再视具体情况对设计方案作调整、优化,实现火灾防治的科学性、有效性和经济性的统一。它的主要思想是在消防设计时仅提出建筑消防安全所需要的性能要求或指标,而不直接要求设计人员为此而必须采用某些特定的解决方法。如何达到这一指标要求,采取什么样的工程措施则由设计人员自己确定,但是设计人员最终要向审核人员证明其所选择的工程解决方法是安全可靠的,所采用的设计计算方法是得到公认的,审核人员也要利用相应的评估工具检验设计方案是否达到安全目标。因此性能化防火设计具有三大特点:安全目标的确定性、设计方法的灵活性和评估验证的必要性。

3. 性能化疏散方案的研究

疏散是一个非常复杂的系统。特别是人员的心理和行为能力对疏散安全的影响等,一直是国际上众多科研机构关注的问题。如何判定一项建筑疏散设计是否达到了功能和性能要求,当然需要评估的方法(或工具)的支持。因此,基于性能化的疏散设计规范中不但包含了性能要求,还包括其评估方法(或工具)。随着安全疏散性能化分析与设计技术的发展,世界各国都相继开展了疏散安全评估技术的开发及研究工作,并取得了一定的成果(模型和程序)。性能化防火设计的主要目的之一是保证建筑物内的人员在发生火灾的情况下的人身安全。因此安全疏散性能化分析与设计是性能化建筑防火分析与设计的一个重要的内容。对于人员密集的大型公共建筑,疏散安全设计就更为重要。

安全疏散性能设计首先确定安全疏散设计的目标,综合考虑安全疏散设施的设置、设计,以提供合理的疏散方法和其他安全防护方法,保证建筑中的所有人员在紧急情况下迅速疏散,或提供其他方法以保证人员具有足够的安全度;然后通过预测火灾和烟气的扩散和传播情况,预测人员疏散情况,以评价并调整疏散设计使之达到预定的设计目标;同时仍应满足疏散设施设置的一般要求(规格标准),即所谓性能化疏散设计,目前也是地下综合体火灾防控研究中的重要课题。

2 火灾荷载与火灾场景

2.1 火灾燃烧学基础

火灾是失去控制的燃烧现象。燃烧是可燃物与氧化剂作用发生的热反应,通常伴有火焰、发光或发烟的现象。

按照引燃的方式,燃烧分为点燃和自燃。

点燃指物质由外界引燃源的作用而引发的燃烧。物质由外界引燃源的作用而引发的燃烧的最低温度称为引燃温度,简称引燃点。

自燃指在没有外界火源作用的条件下,靠物质内部的一系列物理变化而引发的自动燃烧现象。

可燃物的种类很多,根据其存在的形态可分为气体可燃物、液体可燃物和固体可燃物。这三种类型可燃物的着火过程有着不同的特点。

2.1.1 气体可燃物

建筑火灾中的可燃气体主要有两类:一类是燃烧前就在建筑物内存在的可燃气体,如城市煤气、液化石油气等,这些气体基本上是作为燃料气输送到建筑物内的。正常使用时它们提供生产或生活所需的热量,但若失去了控制,它们也可以成为火灾的火源;另一类是燃烧中生成的可燃烟气,由于燃烧不完全,烟气中含有多种可燃组分。

可燃气体的着火方式有两种,一种称为自燃着火,另一种称为强迫着火或点燃。自燃和点燃过程统称为着火过程。

把一定体积的可燃混合气体预热到某一温度,在该温度下,气体可燃物发生缓慢的氧化还原反应,并放出热量,导致气体温度增加,从而使反应速度逐渐加速,产生更多的热量,最终使反应速度急剧增大直至着火,这种过程称为气体自燃。

强迫着火是指在可燃气体内的某一部分,用点火源点燃相邻一层混合气体,然后燃烧被自动传播到可燃气体的其余部分。点火源可以是火焰、高温物体、电火花等。

可燃气体的燃烧有预混燃烧和扩散燃烧两种基本形式。可燃气体与氧化剂先混合再燃烧,称为气相预混燃烧;二者边混合边燃烧,称为气相扩散燃烧。在实际火灾中,还经常出现非均匀的预混燃烧,其部分区域显示预混燃烧特征,部分区域呈现扩散燃烧特征。

发生预混燃烧的基本条件之一是燃料气在预混气(或称可燃混合气)中必须具有一定浓度。在常温下,燃料气的浓度低于某一值或高于某一值都不会被点燃,通常前者称为气体的可燃浓度下限,后者称为气体的可燃浓度上限。表2-1列出了一些燃料气和液体蒸气的可燃浓度极限。

表2-1 燃料气的可燃浓度极限

气体名称	可燃浓度极限(%)		气体名称	可燃浓度极限(%)	
	下限	上限		下限	上限
氢气	4.0	75.0	一氧化碳	12.5	74.0
甲烷	5.0	15.0	氨	15.0	28.0
乙烷	3.0	12.5	硫化氢	4.3	46.0
丙烷	2.1	9.5	苯	1.5	9.5
丁烷	1.6	8.4	甲苯	1.2	7.1
戊烷	1.5	7.8	甲醇	6.0	36.0
乙烯	2.75	36.0	乙醇	3.3	18.0
丙烯	2.0	11.1	1—丙醇	2.2	13.7
乙炔	2.5	82.0	乙醚	1.85	40.0
丙酮	2.0	13.0	甲醛	7.0	73.0

2.1.2 液体可燃物

液体可燃物燃烧时其火焰并不是紧贴在液面上,而是在液面上空间的某个位置。这是因为液体可燃物着火前先蒸发,在液面上方形成一层可燃物蒸气,并与空气混合形成可燃混合气。液体可燃物的着火过程,如图2-1所示。

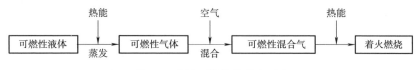

图2-1 液体可燃物的着火过程

液体蒸发的汽化过程对液体可燃物的燃烧起决定性的作用,闪点是表示蒸发特性的重要参数。闪点指的是液体在升温过程中不时有小的明火在液面上方晃过,可发生一闪即灭的蓝色火苗时的最低温度。随着测量仪器的不同,得到的液体闪点也略有不同,多数文献中给出的闪点一般是用闭口法测定的值。

闪点越低,越易蒸发,反之则不易蒸发。因此,液体的闪点越低,其火灾危险性越大。表2-2列出了常见可燃液体的闪点。可以看出,许多液体的闪点低于常温。为了便于防火管理,有区别地对待不同火灾危险性的液体,一般把闪点低于45℃的液体称为易燃液体,闪点高于45℃的称为可燃液体。在建筑防火设计中,还常用另一种表示方法即以28℃和60℃为界,将易燃和可燃液体分为甲、乙、丙三类,它们各自的代表物品分别为汽油、煤油和柴油。

表2-2　易燃和可燃液体的闪点

液体名称	闪点(℃)	液体名称	闪点(℃)
汽油	−58～10	乙醚	−45
煤油	28～45	丙酮	−20
酒精	11	乙酸	40
苯	−14	松节油	35
甲苯	5.5	乙二醇	110
二甲苯	2.5	二苯醚	115
二氧化硫	−45	葵籽油	163

随着液体温度的升高,其蒸气浓度进一步增大,到一定温度再遇到明火时,便可发生持续燃烧。这一温度称为该液体的燃点。与燃料气的可燃浓度极限类似,可燃液体的着火温度也有上、下限之分。着火温度下限是指液体在该温度蒸发生成的蒸气浓度等于其爆炸浓度下限,即该液体的燃点。着火温度上限是指液体在该温度下蒸发出的蒸气浓度等于其爆炸浓度上限。表2-3列出了某些液体的着火温度极限。

表2-3　易燃和可燃液体的着火温度极限

液体名称	着火温度极限(℃)		液体名称	着火温度极限(℃)	
	下限	上限		下限	上限
车用汽油	−38	−8	乙醚	−15	13
灯用煤油	40	86	丙酮	−20	6
松节油	33.5	53	甲醇	7	39
苯	−14	19	丁醇	36	52
甲苯	5.5	31	二硫化碳	−45	26
二甲苯	25	50	丙醇	23.5	53

2.1.3 固体可燃物

可燃固体的种类繁多,在工程燃烧中通常以煤为固体燃料的代表,而在建筑火灾燃烧中,可燃固体包括建筑物中的构件和材料、某些工厂的原材料及室内物品等,它们大多是由人工聚合物和木材制成或构成的。

1. 固体可燃物的燃烧过程

固体物质受热时,因其性质不同,各有其不同的燃烧过程。萘球、樟脑等易升华的固体物质先升华为蒸气,蒸气再与空气发生有焰燃烧。其燃烧历程是:燃烧固体→挥发→熔融→燃烧。

蜡烛、松香等易熔固体物质是先熔融为液体,再蒸发为蒸气,蒸气再与空气发生有焰燃烧。这些固体表面上的火焰,在气相中和蒸发着的固体表面处保持着很短的距离,一旦火焰稳定下来,火焰通过辐射和气体导热将热量供给蒸发表面,促使固体逐层蒸发(或升华),从而使燃烧更快进行,以致燃尽。其燃烧历程是:燃烧固体→熔融→蒸发→触氧→燃烧。

煤、木材、纸张、棉花等复杂成分的固体物质,其主要成分是碳、氢和氧。在受热过程中,首先经加热而被蒸发,发生热分解,从固体释放出可燃性挥发气体,挥发气体与空气混合成可燃混合气体进行燃烧,当固体中的挥发物完全释放时,固体碳的残渣受到氧的作用发光燃烧(又叫表面燃烧、无焰燃烧)。其燃烧历程是:燃烧固体→蒸发→分解→熔融→燃烧。

可燃固体的燃烧过程大体为:在一定的外部热量作用下,物质发生热分解,生成可燃挥发分和固定炭,若挥发分达到燃点或受到点火源的作用,即发生明火燃烧。而稳定明火的建立,又可向固体燃烧面反馈热量,从而使其热分解加强,撤掉点火源燃烧仍能持续进行。当固体本身的温度达较高值后固定炭也开始燃烧。固体可燃物的燃烧过程如图 2-2 所示。

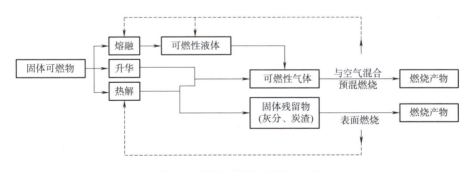

图 2-2　固体可燃物的燃烧过程

2. 固体可燃物的燃烧分类

根据固体可燃物燃烧特点,其燃烧形式可分为四类。

(1)升华式燃烧

萘、樟脑等升华式固体可燃物,对其加热时直接升华为蒸气,蒸气和空气中的氧进行燃烧。

(2)熔融蒸发式燃烧

蜡烛、沥青等固体可燃物,对其加热时,先熔化为液体,后变成蒸气,蒸气再与氧进行燃烧。

(3)热分解式燃烧

木材、棉花、煤、塑料等可燃固体,对它们加热时,固体内部会发生一系列复杂的热分解反应,放出一氧化碳、氢气、甲烷等各种可燃气体以及二氧化碳、水蒸气等不燃气体,可燃气体与空气中的氧进行燃烧生成产物。大量可燃团体的燃烧都属于热分解式燃烧。

(4)固体表面燃烧

可燃物受热不发生热分解和相变,在被加热的表面上吸附氧,从表面开始呈余烬的燃烧状态叫表面燃烧(又叫做无火焰的非均相燃烧)。表面燃烧速度取决于氧气扩散到固体表面的速度,并受表面上化学反应速度的影响。

前三类燃烧形式有一个共同的特点,即最后燃烧的物质都为气体,与空气中的氧气都属于气相,所以又称同相燃烧;气体燃烧时都存在一个发光的气相燃烧区域——火焰,又称为有焰燃烧。第四类燃烧形式是在燃烧时,可燃物属固相,氧化剂属气相,燃烧区域存在两个相,所以又称为异相燃烧;在燃烧时,没有发光的气相燃烧区域,所以又称为无焰燃烧。前三类燃烧,既可以是预混燃烧也可以是扩散燃烧。一般情况下,首先是预混燃烧,然后变为扩散燃烧。第四类燃烧只能是扩散燃烧。

3. 评价固体物质火灾危险性的主要参数

固体物质的燃烧形式和过程比较复杂,对其进行火灾危险性评价的方法也不同。评价固体物质火灾危险性的参数主要有以下几种:

(1)熔点

熔点是指晶体开始熔化为液体时的温度。对于低熔点固体来讲,熔点越低,越易燃。这是因为,发生蒸发式燃烧的固体,燃烧反应要在气态下进行,熔点越低,越易蒸发或汽化,所以其自燃点也较低,燃烧速度较快。此外,熔点越低,越易受热熔化而具流动性,还会造成火势蔓延,故火灾危险性也越大。

对于高熔点的固体,一般受热不熔化,无流动性,其火灾危险性主要由其自燃点、最小引燃能量、热分解温度等物理性质决定。

(2) 闪点

对于能发生闪燃的低熔点固体,闪点是评定其火灾危险性的一个重要参数。闪点越低,越易发生燃烧,火灾危险性则大。有不少低熔点固体的闪点低于其熔点,一般在 70~200℃。比如,多聚甲醛的熔点为 80.1℃,闪点为 70℃;萘的熔点为 80.1℃,而闪点为 78.9℃。有的可燃固体在闪点以上温度仅发生着火,有的则有爆炸的危险性。

(3) 自燃点

通常固体燃烧是由外部火源点燃的。当固体在明火点燃下刚刚可以发生持续燃烧时,其表面的最低温度称为该物质的燃点。表 2-4 列出了一些可燃物的燃点。应当指出,由于固体的挥发性较差而且其性质不够稳定(尤其是天然生成的固体),因而其燃点不易准确测定。

表 2-4 可燃物的燃点

物质名称	燃点(℃)	物质名称	燃点(℃)	物质名称	燃点(℃)
黄磷	34	橡胶	120	布匹	200
硫	207	纸张	130	松木	250
樟脑	70	棉花	210	灯油	86
蜡烛	190	麻绒线	150	棉油	53
赛璐珞	100	烟叶	222	豆油	220

有些固体除了可由明火点燃外,还可以发生自燃。在规定条件下,可燃物质发生自燃的最低温度称为该物质的自燃点。物质的自燃点越低,发生火灾的危险性越大,可燃气体和液体也都有自燃点。但是,实际储存这些物质时,是绝对不会让它们接近其自燃点的,一般不用自燃点作为确定其火灾危险性的依据。对于堆放着的固体或需要进行加热、烘烤的固体来说,自燃点有着重要的实际意义。表 2-5 列举了一些物质的自燃点。

表 2-5 可燃物的自燃点

物质名称	自燃点(℃)	物质名称	自燃点(℃)	物质名称	自燃点(℃)
三硫化四磷	100	汽油	255~530	棉籽油	370
赛璐珞	150~180	煤油	210~290	豆油	400
赤磷	200~250	轻柴油	350~380	花生油	445
松香	240	乙炔	335	乙醚	180
涤纶纤维	440	二硫化磷	102	氨	651

(4) 热分解温度

热解,又称为裂解或热裂解,是指在隔离空气或通入少量空气的条件下,通过间接加热,使含碳有机物发生热化学分解生成可燃气体、液体和固体的过程。

受热分解燃烧或阴燃的固体,都有一个热分解温度。受热分解温度越低,燃烧性能越强,燃烧速度越快。不同的固体,热分解温度不同。

(5) 氧指数

氧指数又称为临界氧浓度或极限氧浓度,系指在规定条件下,试样在氧氮混合气流中,维持平稳燃烧所需要的最低氧气浓度,即氧在氧氮混合气中的最低体积分数。

$$\omega(\mathrm{OI}) = \frac{Q(\mathrm{O}_2)}{Q(\mathrm{N}_2) + Q(\mathrm{O}_2)} \times 100\% \qquad (2\text{-}1)$$

式中 $Q(\mathrm{O}_2)$ ——氧气流量;

$Q(\mathrm{N}_2)$ ——氮气流量。

氧指数是用来对塑料、树脂、织物、涂料、木材及其他固体材料的可燃性或阻燃性进行评价和分类的一个特性指标。由于固体可燃物质的燃烧,通常都是在大气环境下与空气中的氧气进行的,故固体物质氧指数的大小是决定物质可燃性的重要因素。一般说来,氧指数越小,越易燃,其危险性也越大。通常认为,氧指数大于50%的为不燃材料;氧指数为20%~27%的为可燃材料;氧指数小于20%为易燃材料。

2.1.4 火灾的特殊燃烧现象

1. 阴燃

阴燃是一些固体可燃物质在供氧不足的条件下特有的燃烧现象,是一种没有气相火焰的缓慢燃烧,通常伴随着冒烟和温度升高的情况。易发生阴燃的材料大都质地松软、多孔或成纤维状,当它们堆积起来时,更易发生阴燃,如纸张、木屑、锯末、烟草、纤维植物以及一些多孔性塑料等。阴燃是供氧不足的结果,由于供氧不足使燃烧温度较低,可燃固体不能分解出足够浓度的可燃气体,因而就不会发生气相的有焰燃烧。不是所有的固体可燃物都能发生阴燃,它需要一定的内部和外部条件。发生阴燃的内部条件是:固体材料的分子必须是含氧的物质。发生阴燃的外部条件是:有一个合适的温度和具有一定能量的热源以及不太流通的空气。如果热源的温度过高,就可能使受热分解产生的可燃气达到一定的浓度而形成有焰燃烧;如果热源温度过低或供给的能量过少,也不足以使物质发生阴燃。

如在缺氧或湿度较大条件下发生火灾,由于燃烧消耗氧气及水蒸气的蒸发耗能,使燃烧体的氧气浓度和温度均降低,燃烧速度减慢,固体分解出的气体量减少,火焰逐渐消失,则有焰燃烧转为阴燃。如果改变通风条件,增加供氧量,或可燃物中水分蒸发到一定程度,也可能由阴燃转变为有焰的分解燃烧甚至轰燃。当持续的阴燃完全穿透固体材料时,由于对流的加强会使空气流入量相对增大,阴燃则可转为有焰燃烧。

阴燃的温度较低、燃烧速度慢,不易被发现。但在适当的条件下,长时间的阴燃可转变为有焰燃烧,酿成火灾。如果阴燃在密闭空间进行,那么经过一定的时间后,随着阴燃的进行,分解出的可燃气体和可燃的不完全燃烧产物的浓度就会增加,就有可能达到可燃气体的爆炸极限,从而有发生烟雾爆炸的危险性。此外,阴燃火灾发生在堆积物的内部,较难彻底扑灭,并且易发生复燃。

2. 轰燃

轰燃是建筑火灾发展过程中的特有现象,是指房间内的局部燃烧向全室性火灾过渡的现象。

建筑物内某个局部起火之后,可能出现以下三种情况:

(1)明火只在起火点附近存在,室内的其他可燃物没有受到影响。当某种可燃物在某个孤立位置起火时,多数是这种情形。

(2)如果通风条件不太好,明火可能自动熄灭,也可能在氧气浓度较低的情况下以很慢的速率维持燃烧。

(3)如果可燃物较多且通风条件足够好,则明火可以逐渐扩展,乃至蔓延到整个房间。

轰燃是在第三种情形下出现的,轰燃的出现标志着火灾充分发展阶段的开始。一般说来,发生轰燃后,室内所有可燃物的表面都开始燃烧。不过,这一定义的范围是有限制的,它主要适用于接近于正方体且不太大的房间内的火灾,显然在非常长或非常高的受限空间内,所有可燃物被同时点燃是不可能的。

1981年,托马斯(Thomas)提出轰燃的临界热释放速率为:

$$Q_{cr} = 387A\sqrt{H} + 7.8A_t \quad (2\text{-}2)$$

式中　Q_{cr}——产生轰燃所需要的热释放速率(kW);

　　　A——通风口的面积(m^2);

　　　H——通风口的自身高度(m);

　　　A_t——房间的内表面积(m^2),包括四周墙壁、顶棚、地板的面积,除去通风口面积。

国外火灾理论专家为了探明轰燃发生的必要条件,在3.64 m×3.64 m×2.43 m(长×宽×高)的房间内进行了一系列试验。试验以木质家具为燃烧试件,并在地板上铺设了纸张。以家具燃烧产生的热量,点燃地板上的纸张来确定全室性猛烈燃烧的开始时间,即出现轰燃的时间。通过试验得出的结论是:地板平面上发生轰燃须有20 kW/m^2的热通量或吊顶下接近600℃的高温。此外,从试验中观察到,只有可燃物的燃烧速度超过40 kg/s时,才能达到轰燃;同时,点燃地板上纸张的能量,主要是来自吊顶下的热烟气层的辐射,火焰加热后的房间上部表面的热辐射也占有一定比例,而来自燃烧试件的火焰相对较少。

目前,定量描述轰燃临界条件主要有两种方式:

一种方式是以到达地面的热通量达到一定值为条件。通常认为,处于室内地面上可燃物所接受到的热通量达到 20 kW/m² 就可发生轰燃。不过试验表明,这一数值对于引燃纸张之类的可燃物是足够的,而对于其他可燃固体来说就显得太小了。在普通建筑物中发生轰燃时,地面处的临界热辐射通量在 15~35 kW/m² 变化。

另一种方式是以顶棚下的烟气温度接近 600℃ 为临界条件。这种观点强调了烟气层的影响,实际上是间接体现热辐射通量的作用。这一温度是根据高度为 3 m 左右的普通房间火灾结果得出的。对于较高的房间,发生轰燃时的烟气温度理应较高,反之亦然。例如,在 1 m 高的小型试验模型内,测得发生轰燃时的顶棚温度仅为 450℃。由于温度的测量较为方便,因而在火灾试验中,人们还经常采用测量烟气温度来判定轰燃是否发生。

此外,轰燃发生前的燃烧速率必须达到一定的临界值,并且维持一段时间。在普通房间内,如果燃烧速率达不到 40 g/s 是不会发生轰燃的。

3. 回燃

回燃是建筑火灾的一种特有的燃烧现象。当建筑在门窗关闭情况下发生火灾,生成的烟气中往往含有大量的可燃成分。如果由于某种原因形成新的通风口,如门被突然打开或者窗户玻璃碎裂,为了灭火而突然开门或进行机械送风等,致使新鲜空气突然进入,热烟气和新鲜空气就会发生不同程度混合。这种可燃混合气体很容易被小火源点燃,并发生猛烈的燃烧,大团的火焰往往可以窜到建筑物之外,进而发生强烈的气相燃烧。

回燃本质上是烟气中的可燃组分再次燃烧的结果。因此,可燃组分浓度必须达到一定程度。一般认为,在室内火灾中,可燃组分浓度大于 10% 才能发生回燃;当其浓度大于 15% 时,就可形成猛烈火团。

回燃是一种发生在烟气层下表面附近的非均匀预混燃烧。在起火房间的可燃烟气集聚于室内上半部,而后期进入的新鲜冷空气一般会沉在其下面,二者在交界区扩散掺混,生成可燃混合气。若气体扰动较大,混合区将会加厚。这种可燃混合气一旦被点燃,火焰便会在混合区传播开来,接着在燃烧引起扰动的作用下室内空气混合加剧,于是整个起火房间很快全部充满火焰。

通常,可燃混合气达不到自燃温度,必须有点火源点燃。因此,点火源的存在是引发回燃的另一个基本条件。起火建筑物内原有的火焰、暂时隐蔽的火种、电气设备产生的火花等都可以成为引发回燃的点火源。

为了防止回燃的发生,控制新鲜空气的后期流入具有重要的作用。当发现起火建筑物内已生成大量黑红色的浓烟时,若未做好灭火准备,不要轻易打开门窗,以避免新鲜空气的进入。在房间顶棚或墙壁上部打开排烟口将可燃烟气直接排到室外,这有利于减少烟气与空气在室内的混合。在打开这种通风口时,沿开口向房间内喷入一定的水雾,可以降低烟气的温度,从而减少烟气着火的可能。为了有效地排出烟气,还必须向室内补充新鲜空气,这种空气应当沿房间底部送入,并尽量平缓,以减轻其与烟气的掺混。

严格控制点火源是预防回燃的另一基本方法。在已生成大量烟气的房间内,不允许使用普通的电气设施,如电灯、电扇等,以避免产生电火花。同时,应当设法尽快扑灭室内的明火,在仍有明火时,切忌仓促地向室内大量送风。

2.2 建筑室内受限燃烧

2.2.1 受限空间火灾

室内可燃物着火之后,在可燃物上方形成气相火焰,这种火焰可分为三个区域:最下面的是连续火焰区,中间的是间断火焰区,最上面的是无火焰热烟气区。间断火焰区最大的特点是呈间歇式振荡燃烧。在火灾燃烧中,火源上方的火焰及燃烧生成烟气的流动通常称为火羽流。

室内可燃物着火后产生火羽流的情况,如图 2-3 所示。上部的热烟气区的流动由浮力控制,一般称为浮力羽流,或称为烟羽流。在火源上方形成向上流动的火羽流,由于卷吸作用,羽流周围的空气被不断卷吸进来,与其中原有的烟气发生掺混,于是随着羽流高度的增加,其总的质量流量逐渐增加,平均温度和浓度则逐渐降低。

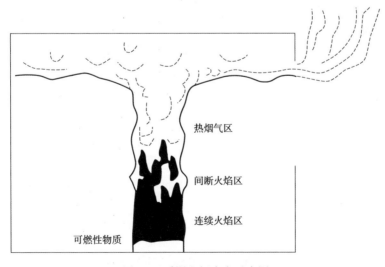

图 2-3 受限空间火灾示意图

当火羽流受到房间顶棚的阻挡后,便沿顶棚下方向四面扩散开来,这种水平流动的薄烟气层称为顶棚射流。在顶棚射流向外蔓延的过程中,也要卷吸其下方的空气,但它的卷吸能力比火羽流弱。当火源强度较大或受限空间的高度较矮时,火焰甚至可以直接撞击在顶棚上,这时在顶棚之下不仅存在烟气的流动,而且存在火焰的蔓延。

顶棚射流受到墙壁阻挡后,便开始转向下流,但由于烟气温度仍较高,烟气下降不长的距离便转向上浮,不久就会在房间上部形成逐渐增厚的热烟气层。通常在烟气层形成后,顶棚射流仍然存在,不过这时顶棚射流卷吸的已不再是冷空气,而是温度较高的烟气。这样顶棚附近的烟气温度越来越高,烟气浓度越来越大。

房间通向外部的门和窗的开口通常称为通风口。当烟气层厚度超过通风口的上边缘时,烟气便从开口流出起火室。烟气流出后,可能进入外界环境中,也可能进入建筑物的走廊或与起火房间相邻的房间。

2.2.2 受限燃烧的基本特征

室内火灾受室内可燃物、火焰、烟气羽流、热烟气层(及顶棚射流)、壁面和通风因子等因素的影响,它们之间存在复杂的相互作用,从而出现受限燃烧的特殊现象。

在建筑物中,可燃物的燃烧性能和数量是决定火灾强度的主要因素,该建筑的通风状况对燃烧也具有重要影响。大量试验表明,通风口较小时,可燃物的燃烧速率较低,但是在特定的通风条件下,燃烧速率可以超过该可燃物在开放环境下的燃烧速率。

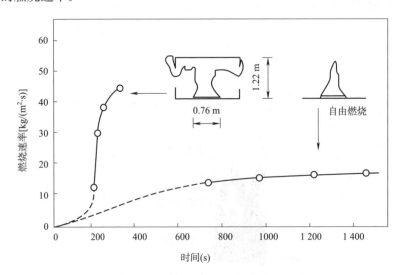

图 2-4 顶罩对 PMMA 块燃烧的影响

图 2-4 给出了以聚酯泡沫塑料(PMMA)为可燃物的试验结果。在可燃物的上方吊了一个方罩,其作用与房间的顶棚和上部墙壁类似,其下部通风良好。可以看出,受限情况的最大燃烧速率比敞开环境的燃烧速率约大 3 倍,达到最大燃烧速率所用的时间只有敞开环境中燃烧的 1/3。上述影响的大小与可燃物的性质和房间的大小都有关系。如在小房间模型中,以酒精为可燃物进行试验表明:最大燃烧速率可以比敞开环境中的燃烧速率大 8 倍。造成这种情况的基本原因是:顶罩的存在使火灾烟气积聚在燃烧区附近,这种烟气(以及被其加热的固体壁面)能将更多的热量辐射反馈到可燃物表面,从而促进了可燃固体的热分解(或可燃液体的蒸发)与燃烧。

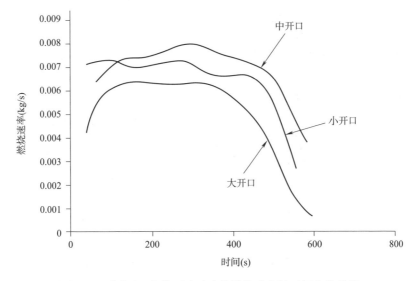

图 2-5 不同开口条件下油池火的燃烧速率随时间变化曲线

图 2-5 给出了不同开口条件下,全尺寸试验的油池火的燃烧速率随时间变化曲线。试验房间的尺寸为 4 m×3 m×3 m,房间的一侧开了一个门,其通风面积可通过挡板进行调整,以柴油作为燃料,试验采用的是边长为 0.6 m 的方形油盆。从图 2-5 可以看出,当通风口面积为中等尺寸时,燃烧速率最大,这种状况主要是室内通风受限与热量累积的共同影响造成。当火灾发生时,若房间的通风口过小,氧气供应状况不良,燃烧强度必然受到限制。随着通风面积的增大,进入到室内的空气增多,促进了燃烧的进行。另一方面,固体壁面的存在有利于热量在室内的积累,燃烧产生的热烟气将会在顶棚的下方积累,热烟气以及被其加热的壁面将会对燃料造成热反馈,从而有助于可燃物的燃烧。开口面积的增大使得烟气较易流出,减弱了对燃料的热反馈。因此,通风口面积过大或过小都

不利于燃烧的进行。

2.2.3 通风因子

建筑物的通风口大体可分为两类：一类是墙壁上的竖直开口，例如门、窗等；另一类是顶棚或地板上的水平开口，如多层商场的自动扶梯口、地下建筑的出入口。一般来说，竖直开口最为常见，是分析通风口流动的主要方面。

日本学者川越邦雄等，围绕着通风对室内燃烧的影响进行了系统的研究。用木垛为燃料，在接近正方体的房间模型内进行试验，通风口开在一侧墙壁的中央。试验结果显示，当发生轰燃后，木垛的燃烧速率与通风口的面积和形状的关系可用下式描述：

$$m = 5.5A\sqrt{H} \qquad (2\text{-}3)$$

式中　m——木垛的质量燃烧速率(kg/min)；
　　　A——通风口的面积(m^2)；
　　　H——通风口的自身高度(m)。

一般称数组 $A\sqrt{H}$ 为通风因子。上式给出的经验系数只是在一定的范围内，适合木垛之类的可燃物的计算，对于其他可燃物，此系数的值有所差异。

巴布劳斯卡斯根据火灾过程中气体流入与流出通风口的关系，也可以推导出类似的结果。对图 2-6 所示的模型做了分析，假设流出的烟气量近似等于流入的空气量，从而得到：

$$m_a \approx \frac{2}{3}A\sqrt{H}C_d\rho_0(2g)^{1/2} \cdot \frac{(\rho_0-\rho_F)/\rho_0}{[1+(\rho_0/\rho_F)^{2/3}]^3} \qquad (2\text{-}4)$$

式中　m_a——空气的质量流量(kg/s)；
　　　ρ_F——烟气密度(kg/m^3)；
　　　ρ_0——空气密度(kg/m^3)；
　　　C_d——系数。

对于轰燃后的火灾，$\rho_0/\rho_F=1.8\sim5.0$。因此，式(2-4)中的密度项平方根近似为 0.2。若设 $\rho_0=1.29\ kg/m^3$，$g=9.81\ m/s^2$，$C_d=0.7$，则得到流入空气的质量流量为：

$$m_a = 0.52A\sqrt{H} \qquad (2\text{-}5)$$

式中　m_a——空气的质量流量(kg/s)。

假设室内燃烧处于化学当量比，即木材燃烧所需的空气量约为 5.7 kg(空气)/kg(木材)，于是木材的燃烧速率表示为：

$$m = m_a/5.7 \approx 0.09A\sqrt{H} \qquad (2\text{-}6)$$

式中　m——木材的燃烧速率(kg/s)。

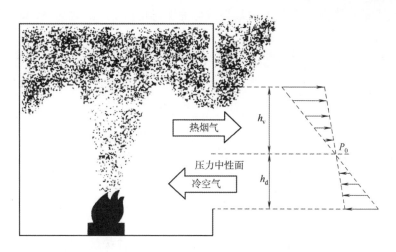

图 2-6　火灾充分发展阶段的通风口流动

上述分析结果表明,通风因子 $A\sqrt{H}$ 反映了开口的几何形状对气体流动的影响,它是分析室内火灾的重要参数。

2.2.4　火灾燃烧的控制形式

研究表明,火灾燃烧存在燃料控制和通风控制两种形式。在火灾初期,火区和房间相比是很小的,燃料所需的氧气比较充足,燃烧速率主要是由可燃物本身性质决定的,一般称之为燃料控制燃烧;随着火灾的发展,火区面积不断增大,当通风状况无法满足火灾继续增长的需要,燃烧速率则由空间的通风条件控制,这种形式称为通风控制燃烧。如果房间的通风状况良好,那么火灾将一直维持燃料控制燃烧而不会转变为通风控制燃烧。

这两种燃烧控制形式的交界区由可燃物的质量燃烧速率 m_F 与空气的实际流入速率之比确定。r 为该可燃物按照化学当量比燃烧时的空气与燃料比,m_a 为可燃物按当量比燃烧所需的空气流入速率。

在通风控制燃烧时为:

$$m_a/m_F < r \tag{2-7}$$

在燃料控制燃烧时为:

$$m_a/m_F > r \tag{2-8}$$

上述关系是根据假设燃料蒸气(或可燃挥发组分)与空气之间的化学反应无限快而得出的。实际上,火灾燃烧大都不可能在瞬间完成。试验发现,在有些火灾中,空气流入速率与挥发分产生速率之比明显大于当量燃烧比 r,室内应处于燃料控制燃烧,但却出现火焰从开口窜出的现象。这表明进入室内的空气量不足以支持充分燃烧,其原因是可燃挥发分完全燃烧需要一定时间,有未燃烧的挥发分流出到室外。

试验研究表明,对于木质纤维的燃烧,大体可用下式区分燃烧所处的状态。

通风控制的燃烧方式:

$$\frac{\rho\sqrt{g}A\sqrt{H}}{A_F} < 0.235 \tag{2-9}$$

燃料控制的燃烧方式:

$$\frac{\rho\sqrt{g}A\sqrt{H}}{A_F} > 0.29 \tag{2-10}$$

式中 A_F——可燃物的表面积(m^2)。

两控制阶段之间的转变区是有一定范围的。这种关系是根据木垛在室内燃烧得出的,当用于其他火灾时还应加以修正,此公式的主要局限性是没有反映室内环境条件对可燃物的热辐射影响。

2.3 火灾荷载

2.3.1 材料的燃烧热值

材料在燃烧过程中都要释放大量的能量。单位质量的材料完全燃烧,其燃烧产物中的水蒸气(包括材料中所含水分生成的水蒸气和材料组成中所含的氧燃烧时生成的水蒸气)均凝结为液态时所放出的热量,称为该材料的总燃烧热值,也称为高热值。

单位质量的材料完全燃烧,其燃烧产物中的水蒸气(包括材料中所含水分生成的水蒸气和材料组成中所含的氧燃烧时生成的水蒸气)仍以气态形式存在时所放出的热量,被定义为该材料的燃烧热值,也称为低热值或净热值。在火焰和火中,水一般保持为气态,因此对于防火研究,适合采用净热值。燃烧热值越高的物质,燃烧时火势愈猛,温度越高,辐射出的热量也越多。

可燃物的热值大小取决于可燃物的化学组成和干湿程度,湿度越大,燃烧释放出的用于蒸发水分的热量也就越多。

可燃物的燃烧热值可以通过试验测得,也可以通过理论计算获得。对于一些单质或纯化合物,可以采用热化学反应方程式计算燃烧热值。在建筑材料中,其组成成分是很复杂的,不可能写出明确的化学方程式,因而难以用理论方法进行计算。实际应用中的大多数材料的燃烧热值大多都是通过试验测定的,目前普遍采用的测量方法有氧弹量热计方法(见《建筑材料及制品的燃烧性能燃烧热值的测定》(GB/T 14402—2007))。其测量原理是取定量试样放在定容的封闭系统中,物质发生完全燃烧化学反应,燃烧释放出的热量使热量计和氧弹周围介质的温度上升,当能量平衡时,根据测得的燃烧前后热量计的温度变化值计算出试样的发热量。

表 2-6 中列出了我国和国外部分材料热值测试的结果。

表 2-6 各类材料的热值

固体	热值(MJ/kg)		液体	热值(MJ/kg)	
	中国	国外		中国	国外
无烟煤	33.5	34	汽油	43.5	44
柏油	42.5	41	柴油	41	41
沥青	42	42	亚麻籽油	40	39
纤维素	15.5	17	甲醇	19.9	20
木炭	30	35	石蜡油	41	41
服装	19	19	烈酒	27	29
烟煤、焦煤	30	31	焦油	40	38
软木	—	29	苯	40.1	40
棉花	18	18	苯甲醇	32.9	33
谷物	16.5	17	乙醇	26.8	27
黄油	32	41	异丙基酒精	31.4	31
厨房垃圾	—	18	气体	热值(MJ/kg)	
皮革	18	19		中国	国外
油毡	24	20	乙炔	48.2	48
纸和纸板	18	17	丁烷	45.7	46
粗石蜡	46.5	47	一氧化碳	10.1	10
泡沫橡胶	37	37	氢气	119.7	120
异戊二烯橡胶	44	45	丙烷	45.8	46
轮胎	32.5	32	甲烷	50	50
丝绸	19	19	乙烷	48	48
稻草	15.5	16	塑料	热值(MJ/kg)	
木材	19	18		中国	国外
羊毛	23.5	23	聚酯纤维	20	21

续上表

固体	热值(MJ/kg)		塑料	热值(MJ/kg)	
	中国	国外		中国	国外
微粒板	17	18	聚乙烯	43.5	44
塑料	热值(MJ/kg)		聚苯乙烯	39.5	40
	中国	国外	聚异氰酸酯泡沫	24	24
工程塑料	37	36	聚碳酸酯	29	29
聚丙烯	28	28	聚丙烯	42.5	43
赛璐珞	18	19	聚氨酯	23	23
环氧	34	34	聚氨酯泡沫	25.5	26
三级氰氨树脂	17.5	18	聚氯乙烯	18	17
酚醛树脂	28.5	29	脲醛树脂	14.5	15
聚酯	30	31	脲醛泡沫	13.5	14

2.3.2 火灾荷载与火灾荷载密度

火灾荷载是指着火空间内所有可燃材料包括建筑构件、装修、陈设等的总潜热能,即建筑物内全部可燃物完全燃烧的总燃烧热量。

火灾荷载密度是指房间中所有可燃材料完全燃烧时所产生的总热量与房间的特征参考面积之比,即火灾荷载密度是单位面积上的可燃材料的总发热量。

建筑物的火灾荷载是预测可能出现的火灾的大小和严重程度的基础,火灾荷载密度越大,可能发生火灾的危险性也就越大。

火灾荷载可分成三种,即固定火灾荷载、活动式火灾荷载和临时性火灾荷载。

固定火灾荷载是指房间中内装修用的、位置基本固定不变的可燃材料燃烧产生的热量,如墙纸、吊顶、壁橱、地面等。

活动式火灾荷载是指为了房间的正常使用而另外布置的、其位置可变性较大的各种可燃物品燃烧产生的热量,如衣物、家具等。

临时性火灾荷载主要是由建筑的使用者临时带来,并且在此停留时间极短的可燃物构成。

火灾荷载密度可用下式来计算:

$$q = \frac{\sum M_i \Delta h_i}{A_F} \quad (2-11)$$

式中　M_i——室内单个可燃物的质量(kg);
　　　Δh_i——单个可燃物的燃烧热值(MJ/kg);
　　　A_F——房间地面面积(m²)。

在一些论文和书籍中,将火灾荷载密度转化为等热值的标准木材来表示,将火灾荷载密度除以标准木材的热值(通常取 18 MJ/kg)。即用当量标准木材的质量 ω 来表示火灾荷载密度,即:

$$\omega = q/18 \tag{2-12}$$

建筑物内的材料和物品种类是非常繁多和变化的,在使用期间内,建筑内的火灾荷载一般是由各种因素引起的(其中,有些因素是人无法加以控制的)。所以,建筑内的火灾荷载不但是可变的,而且还带有偶然性或随机性的特点。表 2-7 中的数据就是一些国家基本认可的火灾荷载密度,所给出的火灾荷载密度是假设材料完全燃烧的。

表 2-7　各类建筑中的火灾荷载密度

房屋类型	平均火灾密度 (MJ/m)	分位值		
		80%	90%	95%
住宅	780	870	920	970
医院	230	350	440	520
医院仓库	2 000	3 000	3 700	4 400
宾馆卧室	310	400	460	510
办公室	420	570	670	760
商店	600	900	1 100	1 300
工厂	300	470	590	720
工厂的仓库	1 180	1 800	2 240	2 690
图书馆	1 500	2 550	2 550	
学校	285	360	410	450

注:80%分位值是指 80%的房屋和建筑未超过。

2.3.3　火灾持续时间

火灾持续时间是指着火区域从火灾形成到火灾衰减所持续的总时间。从建筑物耐火性能的角度来看,火灾持续时间是指着火区域轰燃后所经历的时间。通过试验研究发现,火灾持续时间与火灾荷载成正比,可以用下式计算:

$$t = \frac{\omega A_F}{m} = \frac{\omega A_R}{5.5A\sqrt{H}} = \frac{q}{18} \cdot \frac{A_R}{5.5A\sqrt{H}} \cdot \frac{1}{60} = \frac{1}{5\,940}qF_d \tag{2-13}$$

$$F_d = \frac{A_R}{A\sqrt{H}} \tag{2-14}$$

式中 F_d——火灾持续时间参数,是决定火灾持续时间的基本参数;
A_R——火灾房间的地板面积(m^2);
q——火灾荷载(MJ/m^2)。

除用上述公式计算火灾持续时间外,根据火灾荷载还推算出了火灾燃烧时间的经验数据(表2-8)。该表的使用条件是,火灾荷载是纤维系列可燃物,即可燃物发热量与木材的发热量接近或相同,油类及爆炸类物品不适用。

表2-8 火灾荷载与火灾持续时间的关系

火灾荷载(MJ/m)	450	675	900	1 350	1 800	2 700	3 600
火灾持续时间(h)	0.5	0.7	1.0	1.5	2.0	3.0	4~4.7

2.4 火灾场景设置

2.4.1 火灾的发展过程

如图2-7所示,火灾的发展过程分为燃烧初期、增长期、轰燃期、旺盛期、衰减期。

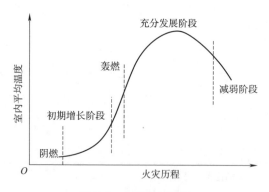

图2-7 火灾发展过程

1. 第一阶段(可燃物的着火与燃烧初期)

气态、液态、固态三种可燃物,虽然其着火与蔓延的机理不同,但只要可燃物的温度达到相应条件下的着火温度,并且氧气的供应持续不断,同时满足化学反应的热平衡迁移条件就会发生燃烧现象。对于固体可燃物,加热到足够高的温度时就会发生热解、气化反应,释放出挥发物质,留下炭化的固体物质,实际燃烧的是气态可燃物与多孔碳。当氧气供应不充分或者燃烧过程热平衡上下波动时,固态可燃物的燃烧即处于阴燃状态。

阴燃阶段可持续几分钟或者数小时,烟气产生率低,烟气的主要成分为 CO_2、CO、水蒸气、液态烃类、焦油类物质等。一旦热解,产生的气态可燃物质足够多,随热浮升气流迁移扩散,并且氧气的供应满足持续燃烧的条件时,就转化为明火燃烧。

有的火灾并不存在阴燃期,而是直接产生明火燃烧,也有从明火燃烧转化为阴燃状态的复杂情况。

2. 第二阶段(增长期)

明火燃烧增长初期,由于建筑空间相对于火源来说较大,空气中的氧气供应充足,所以燃烧状况主要取决于可燃物的热解、气化快慢与火灾荷载的分布情况,燃烧区域存在局部的高温。火势增长中的明火燃烧使得固体可燃物的热解气化速度不断加速。此阶段火源的热释放速率变化近似满足 t^2 火变化规律。随着火源范围的扩大,火焰从最初着火的可燃物加速蔓延,且可能会引燃附近的可燃物。一方面,当着火空间内的烟气流动使得氧气的供应开始明显影响火势的继续发展时,通风情况对火区的燃烧蔓延将有极大的影响;另一方面,可燃物的热解、气化速度和火灾荷载的分布等因素也对火灾的蔓延过程有直接的影响。火灾发展可能出现下述情况之一:

(1)当最初着火的可燃物数量有限或者火焰的燃烧受阻时,燃烧增长过程会很快结束,可燃物将逐渐燃尽并最终导致燃烧熄灭。

(2)若着火空间体积有限且通风不足时,即使从阴燃状态能够转变成明火燃烧,火势增长不久就会因为受氧气供应的限制,变成通风控制形式的不稳定燃烧。这种燃烧方式会产生振荡现象,火焰会闪动,直到氧气耗尽后自动熄灭。烟气中炭黑的生成比例较高,CO 浓度较大,即烟气的毒性较大。

(3)当可燃物在通风条件良好时,火灾的燃烧蔓延过程满足充分发展的条件,火源的热释放速率增长迅速,火焰的尺度达到极大值,使空间内所有可燃物表面都受火势增长与烟气流动的影响。除原来引发火灾的火源之外,其他的可燃物也可能会着火并发生有焰燃烧。火源热释放速率增长到超过一定的极限,着火房间内的温度快速上升,会出现轰燃现象。

3. 第三阶段(旺盛期)

旺盛期火灾对建筑物及室内物品破坏极大,火源的热释放速率达到极大值,室内的温度也达到极大值。燃烧过程耗氧量非常大,空间内的氧气可能来不及补充,火势因缺氧而减弱后,若新鲜空气从门窗等开口突然吸入着火空间,使可燃气体再次快速猛烈燃烧,产生的热烟气急速膨胀使室内压力波动大,火焰卷着烟气从门窗喷出,发生回燃现象。这些都会给人员逃生与灭火工作带来极大威胁。

在此期间,室内的可燃物都会进入充分燃烧阶段,并且火焰与烟气充满整个空间,建筑物部分或全部烧坏,可能会发生倒塌事故。

一般而言,这个阶段的燃烧分为通风控制和燃料控制。

轰燃过程的持续时间很短,影响因素很复杂,可用突变理论进行分析。

4. 第四阶段(衰减期)

经过火灾旺盛期之后,火灾分区内的气态、液态可燃物大都被烧尽,固态可燃物也逐渐炭化,着火空间内温度开始逐渐降低,一般把室内平均温度降低到最高值的 80% 作为旺盛期与衰减期的分界。有焰燃烧会逐渐减弱,但焦炭按照多孔碳直接燃烧的形式继续燃烧。衰减期室内平均温度下降较平缓,并且存在燃烧的起伏,最终会破坏持续燃烧的条件,火焰就会熄灭。

在上述火灾发展的四个阶段中,除了轰燃期在一定条件下可能不会发生外,其他三个阶段都是所有建筑物火灾发展要经历的过程。而随建筑物本身结构形式、通风条件、建筑物内部火灾荷载的分布及可燃物的燃烧特性等具体条件的不同,火灾发展过程的破坏性及烟气流动的危险性也是不同的,相应的火灾损失也各异。

2.4.2 火灾场景设计

火灾场景是对某种火灾发展全过程的一种语言描述,描述了从引燃(或者从设定的燃烧)到火势增大,发展到最大及逐渐熄灭等火灾阶段。

建立火灾场景应该考虑很多因素,其中包括:

(1)火灾前的情况,系指建筑物通常的情况,如建筑结构特点、建筑内部分隔和几何形状、建筑材料的选用、建筑物起火前的使用情况。

(2)点火源,系指导致火灾的点火源及其可燃物状况,包括点火源的温度、能量及其对可燃物的暴露时间和接触面积。

(3)初始可燃物,系指接触或接近点火源的可燃物,包括可燃物的状态、可燃物的表面积与质量比、可燃物的排列、可燃物的热解产物或燃烧产物的毒性和腐蚀性。

(4)可被引燃的可燃物,也称二次可燃物,包括二次可燃物的状态、与初始可燃物的接近程度,可燃物的数量、分布、表面积与质量比等。

(5)蔓延的可能性,系指火势扩展超出最初起火房间或起火区域的状况,包括点火源的位置、建筑物的通风空调系统、防火隔断的位置、自然通风等因素。

(6)目标物体的位置,目标物体指需要重点保护的物体,如安装在建筑内的贵重仪器和设备等。

(7)室内人员的状态,包括室内人员的年龄、能力、是否睡觉、是能够自己做出决定的人员还是需要别人引导的群体(如学龄前儿童等)、是否具备足够行动能力等因素。

(8)统计数据,包括该建筑或同类型建筑的火灾历史统计数据,在现有设计状况下的使用情况和使用者类型的统计数据。

在火灾场景设计中,设计火灾是对某一特定火灾场景的工程描述,可以用一些参数如热释放速率、火灾增长速率、物质分解物、物质分解率等,或者其他与火灾有关的可以计量或计算的参数来表现其特征。

概括设计火灾特征的最常用方法是采用火灾增长曲线。热释放速率随时间变化的典型火灾增长曲线,一般具有火灾增长期、稳定燃烧期和衰减期等共同特征。火灾增长曲线的设计是主要的内容,大量试验表明,多数火灾从点燃发展到充分燃烧阶段,火灾产生的热释放速率大体上按照时间的平方关系增长,只是增长的速度快慢不同。在火灾场景设计中通常采用"t^2"的火灾增长模型对实际火灾进行模拟。

热释放速率是单位时间内可燃物燃烧释放出来的热量,是影响火灾发展的基本参数,它体现了火灾释热强度随时间的变化,决定了室内温度的高低及烟气产生量的多少。热释放速率可以根据下式计算:

$$Q = \phi m \Delta H \tag{2-15}$$

式中 m ——可燃物的质量燃烧速率(kg/s);

ΔH ——燃烧效率因子,反映不完全燃烧的程度,取 0.3~0.9;

ϕ ——可燃物的热值(MJ/kg)。

2.4.3 常用火灾增长模型

目前,国内外通常用稳态和非稳态两类模型来描述火灾发展,其中非稳态模型以 t^2 火模型为代表。

稳态模型是把整个火灾过程的热释放速率视为恒定值,这种模型是对整个火灾过程的理想化处理。

实际的燃烧过程是一个自初期缓慢增长的孕育期和随后的显著增长期组成的发展过程,可采用 t^2 火模型来描述火灾过程中热释放速率随时间的变化过程。

描述火灾过程中热释放速率随时间成平方关系增长的 t^2 火模型如下:

$$Q = \alpha t^2 \tag{2-16}$$

式中 Q ——火源热释放速率(kW);

α ——火灾增长系数(kW/s^2);

t ——火灾发展时间(s)。

当室内可燃物不同时,不仅燃烧热值不同,火灾增长系数也将大不相同,一般把 t^2 火的增长速度分为慢速、中速、快速、超快速四种类型(图 2-8),火灾增长系数见表 2-9。在实际工程应用中,可根据室内可燃物的特性取相应的火灾增长系数。

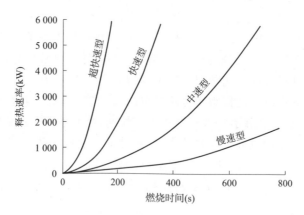

图 2-8 四种 t^2 火增长曲线

表 2-9 四种标准 t^2 火灾增长系数

增长类型	火灾增长系数 $(kW \cdot s^{-2})$	达到 1 MW 的时间 (s)	典型可燃材料
超快速	0.187 6	75	油池火、易燃的装饰家具、轻的窗帘
快速	0.046 9	150	装满东西的邮袋、塑料泡沫、叠放的木架
中速	0.011 72	300	棉与聚酯纤维弹簧床垫、木制办公桌
慢速	0.002 93	600	厚重的木制品

除了通过查表 2-9 以外,火灾增长系数还可以综合考虑可燃物荷载密度的影响($α_f$)以及墙及吊顶的影响($α_m$)计算得到,火灾增长系数的计算式为:

$$α = α_f + α_m \tag{2-17}$$

$$α_f = 2.6 \times 10^{-6} q^{\frac{1}{2}} \tag{2-18}$$

根据装修材料和可燃等级的不同,由表 2-10 可确定各火灾场景的 $α_m$ 值。

表 2-10 $α_m$ 与建筑物装修材料的可燃等级

墙面装修材料等级	A	B_1	B_2	B_3
$α_m(kW \cdot s^{-2})$	0.003 5	0.041	0.056	0.35

另一方面,起火房间烟气层的温度和高度除了与可燃物的燃烧特性有关外,还与起火房间的高度、面积有关。内装饰材料的不同不仅影响火灾增长系数 $α$

的大小,同时还会直接影响到火灾是否会发生轰燃,以及由初期火灾发展到轰燃的时间,这些都是影响火灾发展的因素。

在实际火灾中,热释放速率的变化是比较复杂的,设计的火灾增长曲线只是与实际火灾相似,为了使得设计的火灾曲线能够反映实际可能发生的火灾特性,设计时应做适当的保守考虑,如选择较快的火灾增长模型或选取稳态火模型。

稳态火模型常按建筑中可能出现的最大热释放速率来确定设计参数,它代表了建筑中可能发生的最严重的火灾情况。

火灾增长到一定的阶段,热释放速率将达到最大值,达到最大值后会出现稳定燃烧。最大热释放速率是描述火灾增长的一个重要参数,根据火灾发生的场所可以确定最大热释放速率,我国上海市地方标准《建筑防排烟技术规程》(DGJ 08—88—2006)对最大热释放速率的一些规定,见表2-11。

表 2-11 最大热释放速率

典型火灾场所	最大热释放速率 Q（MW）	典型火灾场所	最大热释放速率 Q（MW）
设有喷淋的商场	3.0	无喷淋的办公室、客房	6.0
设有喷淋的办公室、客房	1.5	无喷淋的公共场所	8.0
设有喷淋的公共场所	2.5	无喷淋的超市、仓库	20.0
设有喷淋的超市、仓库	4.0		

对于发生轰燃的火灾,最大热释放速率取轰燃的临界热释放速率,见式(2-2)。

受自动喷水灭火系统控制的火灾,假定自动喷水灭火系统启动后,火势的规模将不再扩大,火源热释放速率将保持在启动前的水平,如图2-9所示。

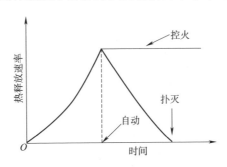

图 2-9 自动喷水灭火系统作用下火灾热释放速率变化曲线

自动喷水灭火系统的可靠性很高,澳大利亚、美国等国家的相关统计数据表明:自动喷水灭火系统的控火成功率超过95%,见表2-12。

表 2-12　自动喷水灭火系统控火灭火率统计表

建筑类型	控火成功		控火不成功	
	次数	%	次数	%
学校	204	91.9	18	8.1
公共建筑	259	95.6	12	4.4
办公楼	403	97.1	12	2.9
住宅	943	95.6	43	4.4
公共集会场所	1 321	96.6	47	3.4
仓库	2 957	89.9	334	10.1
商店、商场	5 642	97.1	167	2.9
工厂	60 383	96.6	2 156	3.4
其他	307	78.9	82	21.1
合计	72 419	96.2	2 871	3.8

对于燃料控制型火灾，即火灾的燃烧速度由燃料的性质和数量决定时，如果知道燃料燃烧时单位面积的热释放速率，那么可根据火灾发生时的燃烧面积乘以该燃料单位面积的热释放速率，从而得到热释放速率。

建筑物内的火灾往往是一件物品（或一个区域）着火引起，通过辐射热将相邻区域内可燃物引燃，再经过一段时间后，被引燃的可燃物产生的辐射又将临近可燃物引燃，随着时间的推移，卷入火灾的可燃物将会成倍增加，火势也随之不断增长。对于多个物体燃烧，可以按叠加原理确定火灾的增长。

距火源中心半径 R 的范围内，火源对该区域的可燃物的辐射为：

$$q'' = \frac{P}{4\pi R^2} \approx \frac{X_r Q}{4\pi R^2} \tag{2-19}$$

式中　q''——对目标可燃物的单位辐射热流（kW/m^2）；

P——火焰的总辐射热流（kW）；

R——与目标可燃物的距离（m）；

X_r——热辐射效率，根据不同的燃料类型在 0.2~0.6 内取值；

Q——火源的总热释放速率（kW）。

对于一般的可燃物，式（2-19）中的辐射效率 X_r 取 1/3，即火源 1/3 的能量以辐射热的方式传递出去。因此，式（2-19）可以转换为：

$$Q = 12\pi R^2 q'' \tag{2-20}$$

若火源热释放速率曲线已知，就可以确定火源能够达到引燃可燃物程度的时间，也就能相应确定可燃物被引燃时间。可燃物被引燃后，作为次生火源与起始火源的热释放速率叠加在一起,又会向周围的可燃物发射更强的辐射热流。运用同样的方法计算下一个可燃物被引燃时间,如此进行下去就可以得到一定时间内的火灾热释放速率的变化情况。

对于特定的可燃物,被引燃的热辐射通量可以通过试验手段测定,也可以查相关的试验数据。在工程计算中,通常根据被引燃的难易程度将可燃物分为三类,见表 2-13。

表 2-13 可燃物被引燃难易程度的分类

燃物类别	单位面积可燃物表面在单位时间内引燃所需要的辐射热流($kW \cdot m^{-2}$)
易燃物	10
一般可引燃	20
难引燃	40

热辐射作用引燃可燃物的最小热流量因可燃物不同而有所差异,如聚氨酯泡沫的最小引燃热流量约 $7\ kW/m^2$,木材的最小引燃热流量为 $10\sim13\ kW/m^2$,小汽车的最小引燃热流量约为 $16\ kW/m^2$。当着火房间高度较大,冷空气层的辐射作用不能忽略,判断相邻可燃物的引燃状况时,除考虑可燃物的辐射热流外,还要计算热烟气层的辐射热流量。

除了采用上述理论模型,还可以根据模型试验来确定可燃物的热释放速率。但是火灾中的可燃物组分变化很大,热值也不固定,物质的燃烧热不符合实际火灾,因为热值是该物质完全燃烧时放出的热量,而在火灾燃烧中物品大都不会烧完。较为准确地确定火灾热释放速率的方法,是通过全尺寸火灾试验,来测量物品在火灾过程中释放热量的多少。

3 火灾烟气流动的计算

3.1 火灾烟气特性

火灾烟气是一种混合物,由于它具有减光性、毒性和高温等特性,使得烟气对火灾中被困人员生命的威胁最大。

3.1.1 烟气的组成与烟尘颗粒

燃烧或热解作用所产生的悬浮在气相中的固体和液体微粒称为烟或烟粒子,含有烟粒子的气体称为烟气。火灾过程中会产生大量的烟气,其成分非常复杂,主要由三种类型的物质组成:气相燃烧产物,未燃烧的气态可燃物,未完全燃烧的液、固相分解物和冷凝物微小颗粒。火灾烟气中含有众多的有毒(害)成分、腐蚀性成分及颗粒物等。

明火燃烧、热解和阴燃等燃烧状况,影响烟气的生成量、成分和特性。明火燃烧时,可产生炭黑,以微小固相颗粒的形式分布在火焰和烟气中。在火焰的高温作用下,可燃物可发生热解,析出可燃蒸气(如聚合物单体、部分氧化产物、聚合链等)。在其析出过程中,部分组分可凝聚成液相颗粒,形成白色烟雾。阴燃是无明火燃烧,生成的烟气中含有大量的可燃气体和液体颗粒。

烟气中颗粒的大小可用颗粒平均直径表示,通常采用几何平均直径 $d_{g,n}$ 表示颗粒的直径,其定义为:

$$\lg d_{g,n} = \sum_{i=1}^{n} \frac{N_i \lg d_i}{N} \quad (3\text{-}1)$$

式中 $d_{g,n}$——烟气颗粒的几何平均直径;

N——总的颗粒数目;

N_i——第 i 个烟粒直径间隔范围内颗粒的数目;

d_i——颗粒直径。

采用标准差来表示颗粒尺寸分布范围内的宽度(σ_g),即:

$$\lg \sigma_g = \sum_{i=1}^{n} \left[\frac{(\lg d_i - \lg d_{g,n})^2 N_i}{N} \right]^{1/2} \quad (3\text{-}2)$$

如果所有颗粒直径都相同,则 $\sigma_g = 1$。如果颗粒直径分布呈对数正态分布,则占总颗粒数量的 68.8% 的颗粒,其直径处于 $\lg d_{g,n} \pm \lg \sigma_g$ 之间的范围内。σ_g 越大,则表示颗粒直径的分布范围越大。表 3-1 给出了一些木材和塑料在不同燃烧状态下烟气中颗粒直径和标准差。

表 3-1　一些木材和塑料在不同燃烧状态下烟气中颗粒直径和标准差

可燃物	$d_{g,n}(\mu m)$	σ_g	燃烧状态
杉木	0.5～0.9	2.0	热解
杉木	0.43	2.4	明火燃烧
聚氯乙烯(PVC)	0.9～1.4	1.8	热解
聚氯乙烯(PVC)	0.4	2.2	明火燃烧
轻质聚氨酯塑料(PU)	0.8～1.8	1.8	热解
硬质聚氨酯塑料(PU)	0.3～1.2	2.3	热解
硬质聚氨酯塑料(PU)	0.5	1.9	明火燃烧
绝热纤维	2～3	2.4	阴燃

3.1.2　烟气浓度

火灾中的烟气浓度,一般有质量浓度、粒子浓度和光学浓度三种表示法。

1. 烟气质量浓度

单位容积的烟气中所含烟粒子的质量,称为烟气的质量浓度。即:

$$\mu_s = \frac{m_s}{V_s} \tag{3-3}$$

式中　μ_s——质量浓度(mg/m³);

　　　m_s——单位容积的烟气中所含烟粒子的质量(mg);

　　　V_s——烟气容积(m³)。

2. 烟气粒子浓度

单位容积的烟气中所含烟粒子的数目,称为烟气的粒子浓度。即:

$$n_s = \frac{N_s}{V_s} \tag{3-4}$$

式中　n_s——粒子浓度(个/m³);

　　　N_s——容积 V_s 中烟气中所含的烟粒子数。

3. 烟气光学浓度

当可见光通过烟层时,烟粒子使光线的强度减弱。光线减弱的程度与烟的浓度有函数关系。烟气光学浓度用减光系数 C_s 表示。

设 I_0 为光源射入测量空间段时的光束强度，L 为光束经过的测量空间段的长度，I 为该光束离开测量空间段时射出的强度，则 I/I_0 称为该空间的透射率。若该测量空间段中没有烟尘，射入和射出的光束的强度几乎不变，即透射率等于1。当该测量空间段中存在烟气时，透射率应小于1。透射率的常用对数称为烟气的光学密度，即：

$$D = -\lg(I_0/I) \qquad (3-5)$$

烟气光学密度是随光束经过的距离而变化的，因此单位长度光学密度表示如下：

$$D_0 = \frac{-\lg(I_0/I)}{L} \qquad (3-6)$$

另外，根据 Beer Lambert 定律，有烟情况下的光强度可表示为：

$$I_0 = I\exp(-C_s L) \qquad (3-7)$$

式中　C_s——烟气的减光系数，整理可得：

$$C_s = \frac{-\ln(I/I_0)}{L} \qquad (3-8)$$

根据自然对数和常用对数之间的换算关系，得出

$$C_s = 2.303 D_0 \qquad (3-9)$$

综上，烟气的浓度是由烟气中所含固体颗粒或液滴的多少及其性质决定的。测量烟气浓度主要有过滤物称重法、颗粒计数法和遮光性测量法。过滤称重法是将单位体积的烟气过滤，确定其中颗粒物的浓度；颗粒计数法是测量单位体积烟气中烟颗粒的数目；遮光性测量法则是用光线穿过烟气后的衰减程度来表示烟气浓度，可将烟气收集在容积已知的容器内测量，也可在烟气流动过程中测量。

3.1.3　建筑材料的发烟量与发烟速度

各种建筑材料在不同温度下，单位质量所产生的烟量是不同的。有多种测试材料发烟性的方法，具有代表性的测量方法是 NBS 标准烟箱法：该法是将一块 75 mm² 的材料试样放在一个 0.9 m×0.6 m×0.6 m 的燃烧室中，其竖直上方是一个发热量固定为 2.5 W/cm² 的热源，其下方是 6 个小火焰组成的燃烧阵。试验中让火焰触及试样，将试样点燃并维持其燃烧。测量的结果采用比光学密度表示，即：

$$D_s = D_0(V_s/A_s) \qquad (3-10)$$

式中　D_s——比光学密度；

　　　D_0——单位长度的光学密度；

　　　V_s——烟箱的容积；

A_s——试样的暴露面积。

这种试验方法的复现性较好,不过其误差仍在25%以上。该方法只考虑了试样的暴露面积,一般还应当考虑试样的厚度。D_s越大,则烟气浓度越大。表3-2 给出了部分可燃物发烟的比光学密度。

表3-2 试样面积为 0.055 m² 垂直放置时可燃物发烟的比光学密度

可燃物	$D_{s,max}$	燃烧状况	试件厚度(cm)
硬纸板	$6.7×10^1$	明火燃烧	0.6
硬纸板	$6.0×10^2$	热解	0.6
胶合板	$1.1×10^2$	明火燃烧	0.6
胶合板	$2.9×10^2$	热解	0.6
聚苯乙烯(PS)	>660	明火燃烧	0.6
聚苯乙烯(PS)	$3.7×10^2$	热解	0.6
聚氯乙烯(PVC)	>660	明火燃烧	0.6
聚氯乙烯(PVC)	$3.0×10^2$	热解	0.6
聚氨酯泡沫塑料(PUF)	$2.0×10^1$	明火燃烧	1.3
聚氨酯泡沫塑料(PUF)	$1.6×10^1$	热解	1.3
有机玻璃(PMMA)	$7.2×10^2$	热解	0.6
聚丙烯(PP)	$4.0×10^2$	明火燃烧(水平放置)	0.4
聚乙烯(PE)	$2.9×10^2$	明火燃烧(水平放置)	0.4

各种建筑材料在不同温度下,单位质量所产生的烟量是不同的。从表 3-3 中可以看出,木材类在温度升高时,发烟量有所减少。这主要是因为分解出的碳微粒在高温下又重新燃烧,且温度升高后减少了碳微粒的分解。从表 3-3 还可以看出,高分子有机材料能产生大量的烟气。

表3-3 部分材料在不同温度时产烟量表(mg/m³)

材料	300℃	400℃	500℃	材料	300℃	400℃	500℃
松木	4.0	1.8	0.4	锯木质板	2.8	2.0	0.4
杉木	3.6	2.1	0.4	玻璃纤维增强塑料	—	6.2	4.1
普通胶合板	4.0	1.0	0.4	聚氯乙烯		4.0	10.4
难燃胶合板	3.4	2.0	0.6	聚苯乙烯		12.6	10.0
硬质纤维板	1.4	2.1	0.6	聚氨酯(人造橡胶之一)		14.0	4.0

除了发烟量外,火灾中影响生命安全的另一重要因素就是发烟速度,即单位时间、单位质量可燃物的发烟量,是各种材料的发烟速度。图 3-1 中数据是由试验得到的。该图说明,木材类在加热温度超过 350℃时,发烟速度一般随温度的升高而降低。而高分子有机材料则恰好相反。同时,高分子材料的发烟速度比木材要大得多,这是因为高分子材料的发烟系数大,且燃烧速度快。

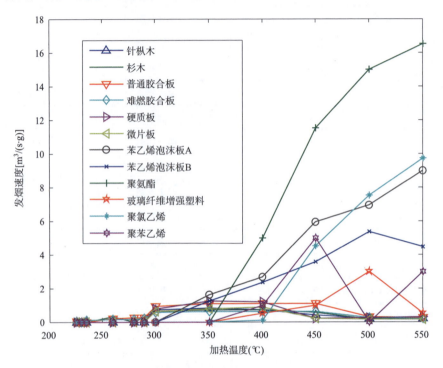

图 3-1 各种材料在不同加热温度下的发烟速度图

3.1.4 能见度

能见度指的是人们在一定环境下刚刚看到某个物体的最远距离。火灾的烟气导致人们辨认目标的能力大大降低,并使事故照明和疏散标志的作用减弱。

由于烟气的减光作用,在有烟气存在的场合,能见度必然有所下降,这将对火场中的人员安全疏散造成不良影响。能见度与减光系数和单位光学密度有如下关系:

$$V = \frac{R}{C_s} = \frac{R}{2.303 D_0} \tag{3-11}$$

式中　V——能见度(m);

　　　C_s——减光系数;

R——比例常数,对于发光物体,$R=5\sim10$;对于反光物体,$R=2\sim4$。

能见度与烟气的颜色、物体的亮度、背景的亮度及观察者对光线的敏感程度都有关。白色烟气的能见度较低,这主要是由于光的散射率较高造成的;自发光标志的可见距离约比表面反光标志的可见距离大几倍;前方照明与后方照明之间存在相当大的差别;背景光的散射可大大减低发光物的能见度。对于具有发光标志的建筑物,$R=5\sim10$;对于具有反光标志和有反射光存在的建筑物,$R=2\sim4$。由此可知,用于火灾情况下的安全疏散指示标志最好采用自发光形式。

有关室内装饰材料等反光型材料的能见距离和不同功率的电光源的能见距离分别列于表3-4和表3-5中。

表3-4 反光饰面材料的能见距离 D(m)

反光系数	室内饰面材料	C_s (m)					
		0.2	0.3	0.4	0.5	0.6	0.7
0.1	红色木地板、黑色大理石	10.40	6.93	5.20	4.16	3.47	2.97
0.2	灰砖、菱苦土地板、铸铁、钢板地面	13.87	9.24	6.93	5.55	4.62	3.96
0.3	红砖、塑料贴面板、混凝土地面、红色大理石	15.98	10.59	7.95	6.36	5.30	4.54
0.4	水泥砂浆抹面	17.33	11.55	8.67	6.93	5.78	4.95
0.5	有窗未挂窗帘的白墙、木板、胶合板、灰白色大理石	18.45	12.30	9.22	7.23	6.15	5.27
0.6	白色大理石	19.36	12.90	9.68	7.74	6.45	5.53
0.7	白墙、白色水磨石、白色调和漆、白水泥	20.13	13.42	10.06	8.05	6.93	5.75
0.8	浅色瓷砖、白色乳胶漆	20.80	13.86	10.40	8.32	6.93	5.94

表3-5 发光型标志的能见距离 D(m)

I_0 (lm/m²)	电光源类型	功率(W)	C_s (m)				
			0.5	0.7	1.0	1.3	1.5
2 400	荧光灯	40	10.40	6.93	5.20	4.16	3.47
2 000	白炽灯	150	13.87	9.24	6.93	5.55	4.62
1 500	荧光灯	30	15.98	10.59	7.95	6.36	5.30
1 250	白炽灯	100	17.33	11.55	8.67	6.93	5.78
1 000	白炽灯	80	18.45	12.30	9.22	7.23	6.15
600	白炽灯	60	19.36	12.90	9.68	7.74	6.45
350	白炽灯、荧光灯	40.8	20.13	13.42	10.06	8.05	6.93
222	白炽灯	25	20.80	13.86	10.40	8.32	6.93

另外,能见度还与烟气的刺激作用有关。在浓度大且刺激性强的烟气中,人员的眼睛无法睁开足够长的时间来寻找指示标志,这样会影响人的行走速度。试验表明,当减光系数为 0.4 m^{-1} 时,通过刺激性烟气的表观速度仅是通过非刺激性烟气时的 70%;当减光系数大于 0.5 m^{-1} 时,通过刺激性烟气的行走速度降至约 0.2 m/s。

此外,烟的能见度取决于烟的成分与浓度、微粒的大小、分布状态以及照明设备的种类和观察者的实际心理状态。照明设备的亮度是能见度一个重要参数,于是能见度的测定可分为不同性质的两类:照明设备前方实物的能见度测定与照明设备后方实物的能见度测定。根据测量结果拟合的公式如下:

照明设备前方:

$$能见度(m) = 1/光密度(每米烟厚度) \tag{3-12}$$

照明设备后方:

$$能见度(m) = 2.5/光密度(每米烟厚度) \tag{3-13}$$

3.1.5 烟气危害

1. 火灾烟气的主要危害

(1)高温烟气携带并辐射大量的热量。烟气的高温对人、对物都可产生不良影响,对人的影响可分为直接接触影响和热辐射影响。人的皮肤直接接触温度超过 100℃ 的烟气,在几分钟后就会严重损伤。据此,有人提出在短时间人的皮肤接触的烟气安全温度范围不宜超过 65℃。衣服的透气性和绝热性可限制温度影响。不过多数人无法在温度高于 65℃ 的空气中呼吸。因此,当人们不得不穿过高温烟气逃生时,必须注意外露皮肤的保护(如脸部和手部),且应憋住呼吸或带上面罩。空气湿度较大也会造成人的极限忍受能力降低。水蒸气是燃烧的主要产物,故火灾中的烟气是有较大湿度的。

若烟气层尚在人的头部高度之上,人员主要受到热辐射的影响。这时高温烟气所造成的危害比直接接触高温烟气的危害要低些。而热辐射强度影响则是随距离的增加而衰减。一般认为,在层高不超过 5 m 的普通建筑中,烟气层的温度达到 180℃ 以上时便会对人构成危险。

烟气温度过高还会严重影响材料的性质。例如,大部分木质材料在温度超过 105℃ 后便开始热分解,250℃ 左右时可以被点燃;许多高分子材料的变形和热分解温度比木材更低。钢筋混凝土材料的机械性能也会严重变差,尤其对于采用钢筋混凝土的建筑,更需要注意高温烟气的影响,并采取适当的防护措施。在建造大空间建筑中经常采取大跨度的钢架屋顶,而钢材的力学性能会随着温度升高而大大下降,超过一定限度还会发生坍塌。

(2)烟气中氧含量低,形成缺氧环境。由于燃烧消耗了大量的氧气,使得火灾烟气中的含氧量往往低于生理上所需的正常数值。当空气中的氧气浓度低于15%时,人的肌肉活动能力将明显下降;当O_2浓度降10%~14%时,人的判断能力将迅速降低,出现智力混乱现象;当浓度降低到6%~10%时,短时间内就会晕倒,甚至死亡。在起火的房间内,氧气浓度可低至3%左右,若人员不及时撤离火场是非常危险的。

3)烟气中含有一定的有害物质、毒性物质和腐蚀性物质,从而对生命和财产构成威胁和损害。

2. 火灾烟气对人的危害过程的三个阶段

火灾烟气对人的危害过程根据火灾烟气的危害程度可以将其对人的危害过程分为三阶段,即:

(1)第一阶段为受害者尚未受到来自火区的烟气和热量影响之前的火灾增长期。这一阶段中影响人员疏散逃生的重要因素是大量的心理行为因素,如受害者对火灾的警惕程度、火灾警报的反应,以及对地形的熟悉程度等。

(2)第二阶段为受害者已被火区烟气和热量所包围的时期,这一阶段中,烟气对人的刺激和人的生理因素影响着受害者的逃生能力。因此,这时火灾烟气的刺激性及毒性物质的生成对于人员逃生而言非常重要。

(3)第三阶段为受害者在火灾中死亡的时期,致死的主要因素可能是烟气窒息、灼烧或其他因素。

火灾烟气的毒性作用在上述的第二和第三阶段尤其重要。

3.2 对称烟羽流

在烟气运动过程中,冷空气被卷吸进烟气中,形成烟气羽流,它不断地向室内上层输送质量和热量,羽流所卷吸的大量空气,是烟气的主要来源,直接决定着烟气的生成速率。在火灾过程的分析计算中,经常需要了解烟羽流的特性,根据火源的位置和结构的不同,所形成的烟羽流具有较大的差别,因此,需要采用不同的模型来进行描述。常见的羽流模型有轴对称羽流(即非受限羽流)、阳台羽流、窗羽流、壁面羽流、墙角羽流等。

火灾中产生的烟气不受遮挡垂直向上蔓延时,形成的烟羽流近似倒锥形,称为对称烟羽流。为研究与应用的方便,通常假定为羽流是从某个虚火源点产生的,并且呈现轴对称结构,这一理想化的轴对称烟羽流模型如图 3-2 所示。

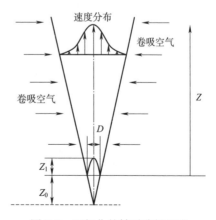

图 3-2 理想化的轴对称烟羽流

1. 虚点火源的位置

$$Z_0 = 0.083Q^{2/5} - 1.02D_f \tag{3-14}$$

式中 Z_0——虚点火源距离燃烧面的高度(m);

D_f——有效燃烧直径(m)。

当 Z_0 为正值时,虚点火源位于火源根部平面的上方;当虚点火源位于火源根部平面的下方时,Z_0 应取负值。

2. 火焰的平均高度

$$Z_f = 0.235Q^{2/5} - 1.02D_f \tag{3-15}$$

式中 Z_f——火焰的平均高度(m)。

3. 烟羽流质量流量

羽流中的质量流量与火焰的平均高度是高于烟气层分界面还是低于烟气层分界面有关。当火焰的平均高度 Z_f 低于烟气层分界面,并且高度 Z 位于火焰高度或位于火焰高度之上但低于分界面的高度,则烟羽流的质量流量计算如下:

$$m = 0.0071Q_c^{1/3}(Z-Z_0)^{5/3}[1+0.027Q_c^{2/3}(Z-Z_0)^{-5/3}] \tag{3-16}$$

式中 m——羽流在 Z 高度处的质量流量(kg/s);

Q_c——火源的总热释放速率 Q 的对流部分(kW),一般火灾条件下,$Q_c = 0.7Q$;

Z——烟气羽流离地面一定高度(m)。

当火焰平均高度 Z_f 低于烟气层分界面,并且高度 Z 位于分界面以下时烟羽流的质量流量计算如下:

$$m = 0.05Q_c Z/Z_f \tag{3-17}$$

4. 烟羽流体积流量

$$V = \frac{m}{\rho_m} = \frac{mT_m}{\rho_0 T_0} = \frac{m}{\rho_0} + \frac{Q_c}{\rho_0 T_0 c_p} \tag{3-18}$$

式中 T_m——烟流平均温度(K);

V——烟流在高度 Z 处的体积流量(m³/s);

ρ_m——高度 Z 处的烟流密度(kg/m);

m——烟气的产生率(kg/s);

ρ_0——周围空气密度(kg/m);

T_0——周围空气的绝对温度(K);

c_p——羽流中气体的比定压热容[kJ/(m³·K)]。

5. 烟羽流直径

$$D_p = \frac{Z}{2} \tag{3-19}$$

式中 D_p——烟气羽流在某一高度处的平均直径(m),应指出其误差在 4%～5%。

3 火灾烟气流动的计算

6. 烟羽流的平均温度

$$T_p = T_a + \frac{Q_c}{mc_p} \tag{3-20}$$

式中 T_p——Z 高度处羽流气体的平均温度(K);

T_a——Z 高度处周围空气的绝对温度(K)。

7. 烟羽流的中心线温度

$$T_{c,p} = T_a + 9.1 \left(\frac{T_a}{gc_p^2 \rho_a^2} \right)^{1/3} \frac{Q_c^{2/3}}{Z^{5/3}} \tag{3-21}$$

式中 T_a——Z 高度处周围空气的绝对温度(K);

ρ_a——Z 高度处空气的密度(kg/m³);

g——当地重力加速度(m/s²)。

3.2.1 阳台烟羽流

阳台烟羽流是指火灾烟气在阳台底下流动并蔓延,直到从开口处向上流出所形成的羽流如图 3-3 所示。阳台羽流中烟气的流动包括烟气从火焰上方上升到达屋顶,水平蔓延到阳台边缘,然后流出阳台。

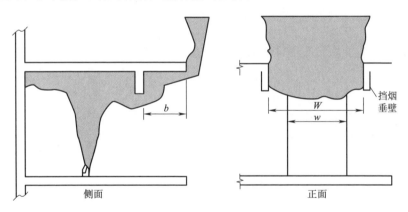

图 3-3 阳台烟羽流示意图

阳台烟羽流的质量流量计算如下:

$$m = 0.36QW^2(Z_b + 0.25H) \tag{3-22}$$

式中 W——阳台溢出羽流的宽度(m);

Z_b——从阳台下缘到烟层底部的高度(m);

H——阳台距离燃烧面的高度(m)。

当 $Z_b > 13W$ 时,阳台烟羽流的质量流量与对称烟羽流相似。因此,烟气产生量可以采用对称烟羽流的计算方法。烟羽流宽度可以是挡烟垂壁或其他任何存在的限制羽流水平蔓延的障碍物之间的间距,计算如下：

$$W = \omega + b \tag{3-23}$$

式中　ω——火源与阳台开口之间的开口宽度(m)；

　　　b——阳台边缘到开口之间的距离(m)。

3.2.2　窗烟羽流

从门或窗等开口直接流进大空间内的羽流称为窗羽流,如图 3-4 所示。

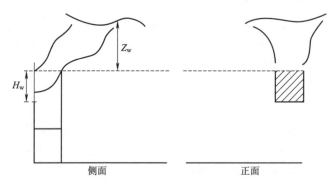

图 3-4　窗烟羽流示意图

窗烟羽流的质量流量计算如下：

$$m = 0.071 Q_c^{1/3} (Z_w + a)^{5/3} + 0.00182 Q_c \tag{3-24}$$

式中　Z_w——烟层底部距离窗户顶的高度(m)；

　　　a——有效高度(m)。

有效高度根据下式确定：

$$a = 2.40 A_w^{2/5} H_w^{1/5} - 2.1 H_w \tag{3-25}$$

式中　A_w——窗口开口的面积(m²)；

　　　H_w——窗口开口的高度(m)。

3.3　烟层高度的计算

由于火燃烧所产生的高温气体将上升,同时冷空气也将被带入上升的气流中,形成烟羽流,烟羽流直径和质量流量随高度增大而增加,烟羽流温度则随高度减小而下降。烟羽流达到天花板后,将向四周迅速散开,形成一层薄薄的烟气层或"顶棚射流"直到碰到空间边界后开始向整个空间扩散,这个高温烟气层将越来越厚,直到充满整个空间。

区域模型理论将失火空间分为上、下两个区域,即上层相对较热的烟气和下层相对较冷的空气;并假定两层之间分界面高度在各处一致,每个区域内部的压力、温度、密度、烟气浓度等物理参数均匀一致,且下层冷空气区都处于室内原来的环境状态。实际上,上层热烟气层与下层冷空气层没有明显分界面,下层冷空气层也不能保持原来的状态。空间中各种物理参数的变化不仅连续,而且很多情况不会发生"突然"变化。区域模型是失火状态的一种理想模型,图 3-5 为区域模型示意图(包括烟羽流的发展、烟层界面的形成及烟层界面下降)。

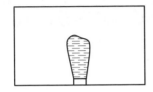 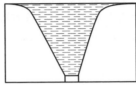 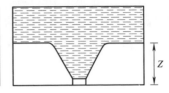

图 3-5 区域模型示意图

烟气层高度指烟气分界面距离房间地面高度。在理想的区域模型中,烟气层界面的高度就是被设定成一个热气层高度。

烟气填充是指在没有设置排烟设施情况下,烟气自然上升至顶棚并下降逐渐充满空间的过程。

1. 稳态火源烟气填充

在任意时刻的烟气层高度 Z 满足下式:

$$Z/H = 1.11 - 0.28\ln(\frac{tQ^{1/3}H^{-4/3}}{A/H^2}) \tag{3-26}$$

式中 H——天花板的高度(m);

t——时间(s);

A——大型空间的截面积(m^2);

Z——火源上方开始生成烟气层的高度(m);

Q——稳态火的产热率(kW)。

另外,需考虑几点的限制:

①大型空间的截面积不随高度的变化而改变;

② $0.2 \leqslant \dfrac{Z}{H} < 1.0$;

③ $0.9 \leqslant \dfrac{A}{H^2} < 14$。

④当所解出的 Z/H 值超过 1 时,表示在天花板的烟气层还没有开始下降。

烟气填充时间可表示如下:

$$t = \frac{AH^{4/3}}{H^2 Q^{1/3}}\exp\left[\frac{1}{0.28}(1.11 - Z/H)\right] \tag{3-27}$$

2. 非稳态火源的烟气填充

对一个 t^2 火模型,烟气层界面的位置用非稳态的填充方程式来计算:

$$Z/H = 0.91 \left[t_g^{-2/5} H^{-4/5} t \left(\frac{A}{H^2} \right)^{-3/5} \right]^{-1.45} \quad (3\text{-}28)$$

式中　t_g——火灾成长时间,火灾从稳定燃烧开始到热释放速率达到 1 055 kW 时所需要的时间(s)。

式(3-28)也是根据试验数据所得到。同样,假设火源上方开始产生烟气层的高度和烟流没有与墙接触,所以方程式也是可守恒。该方程式使用时须考虑以下几点:

① 大型空间的截面积不随高度的变化而改变;

② $0.2 \leqslant \dfrac{Z}{H} < 1.0$;

③ $1 \leqslant \dfrac{A}{H^2} < 23$。

当 Z/H 值大于 1 时,表示在天花板下方的烟气层尚未开始下降。

如同稳态火源方程式一样,计算填充时间可表示如下:

$$t = 0.937 t_g^{2/5} H^{3/5} (A/H^2)^{3/5} (Z/H)^{-0.69} \quad (3\text{-}29)$$

3.4　英国与日本烟气质量流量的计算

以上烟羽流计算公式来自美国国家消防协会大空间建筑烟气控制设计指南(NFPA 92)。下面介绍英国和日本关于轴对称烟羽流的计算公式。

3.4.1　英国的烟羽流计算公式

火源的平均直径小于洁净层高度的 1/2,称为小火源;火源的平均直径大于洁净层高度的 1/2,称为大火源。所谓洁净层高度是指没有受到烟气影响区域的高度即房间高度减去烟气层厚度,也称为烟气层高度。

1. 小直径火源轴对称烟流

远离墙面、位于地面的火源,其烟气流动成长为对称发展火源具有一个假想源点,空气会从周围流入,并且沿着烟流的高度方向流动,直到烟流在天花板下方形成烟气层。

火源上方的燃烧火焰的高度为:

$$Z_l = 0.20 Q_c^{2/5} \quad (3\text{-}30)$$

此时　$Q_c^{2/5} > 14.0 d_s$

式中　Z_l——燃烧火焰高度(间歇火焰)(m);

Q_c——对流部分的热释放速率(kW);

d_s——火源的直径(m)。

对于 $Z > Z_1$ 的情况,烟气的质量流量可表示成:

$$M = 0.071 Q_c^{1/3} (Z - Z_0)^{5/3} \tag{3-31}$$

式中　M——烟气的质量流量(kg/s);

　　　Z_0——火源虚拟高度(m),趋近于 0。

当火源距墙面较近时,即壁面羽流,其烟气的质量流量,可以假设约为对称点火源烟流的 1/2,可以表示成:

$$M = 0.044 Q_c^{1/3} Z^{5/3} \tag{3-32}$$

对于火源点位于墙角处时,即墙角羽流,其烟气的质量流量,可以假设约为对称点火源烟流的 1/4,可以表示成:

$$M = 0.028 Q_c^{1/3} Z^{5/3} \tag{3-33}$$

2. 大直径火源轴对称烟流

对于一直径为 d_s 的圆形火源或是一边长为 4 的正方形火源,发生在远离墙面的地板上,其火源上方的燃烧火焰高度为:

$$Z_1 = \frac{0.035 Q_c^{2/3}}{(d_s + 0.074 Q_c^{2/5})^{2/3}} \tag{3-34}$$

$$Q_c^{2/5} > 14.0 d_s$$

当 d_s 较 Z_1 小很多时,式(3-34)可简化成为轴对称型的烟流计算公式。

对于 $Z > Z_1$ 的情况,烟气的质量流量可表示为:

$$M = 0.071 Q_c^{1/3} Z^{5/3} \tag{3-35}$$

除上述计算公式外,还有一个计算圆形或正方形的火源烟气质量流量的方程式:

当 $Z < 2.5P$,并且 $200 < Q_c/A_s < 750$ 时:

$$M = 0.096 P \rho_0 y^{3/2} \left(g \frac{T_0}{T} \right)^{1/2} \tag{3-36}$$

式中　P——火源的周长(m);

　　　ρ_0——周围空气的密度(kg/m³);

　　　T_0——周围空气的绝对温度(K);

　　　T——烟流中火的绝对温度(K);

　　　y——地板到天花板下方烟气层底部距离(m)。

如果考虑外围空气是 290 K,相对密度是 1.22 kg/m³,烟流中火的绝对温度为 1 100 K,代入式(3-36),则可化简为:

$$M = 0.188 P Z^{3/2} \tag{3-37}$$

3. 长条形火源

长条形火源的定义为:火源长边 d_s 大于其短边 3 倍以上。对于远离墙边地板上的长方形火源,火源上方燃烧的火焰高度为:

$$Z_l = \frac{0.035 Q_c^{2/3}}{(d_s + 0.074 Q_c^{2/5})^{2/3}} \tag{3-38}$$

对于 $Z_l < Z < 5d_s$：

$$M = 0.21 Q^{1/3} d_s^{2/3} Z \tag{3-39}$$

假使 $Z > 5d_s$：

$$M = 0.71 Q^{1/3} Z^{5/3} \tag{3-40}$$

3.4.2 日本的烟羽流计算公式

日本烟气质量流量表示为：

$$M = C_m \left(\frac{\rho_0^2 g}{c_p T_0}\right)^{1/3} Q^{1/3} (Z + Z_0)^{5/3} \tag{3-41}$$

式中　Z_0——假想点火源距离(m)；

　　　ρ_0——空间内下部空气层的密度(kg/m³)；

　　　T_0——空间内下部空气层温度(K)；

　　　C_m——气流环境系数，湍流 $C_m > 0.21$；

　　　c_p——烟流气体比热容[kJ/(kg·K)]。

3.5　烟气流动的计算模型

3.5.1　概　　述

　　火灾过程的计算机模拟是在描述火灾过程的各种数学模型的基础之上进行的。所谓计算机模拟是通过对火灾发展过程基本规律的研究，建立描述火灾发展过程基本特征的火灾参数的数学模型，用计算机作为计算工具进行求解。各种计算机模拟模型的能力取决于描述实际火灾过程的数学模型和数值方法的合理性。针对火灾规律的双重性(确定性和随机性)，计算机模拟的理论模型包括确定性模型和随机模型两类。

　　随机模型是把火灾的发展过程看成一系列连续的事件或状态，根据一个事件或状态转换到另一个事件或状态的概率来计算和描述火灾的发展特性。目前，这类模型的研究和应用较少。

　　确定模型运用以火灾过程中物理和化学现象作为基础的数学表达式和方程，可以确定地描述火灾过程中有关特征参数随时间变化的特性。确定模型可按照解决问题的方法分为区域模型、网络模型、场模型和混合模型等。本节简要介绍确定性模型的基本原理与应用场合。

3.5.2 区域模型

区域模型的基本原理是把房间划分为几个区,一般分为两个区,即包含烟气层在内的上部热气层区和包含相对冷且未被污染的下部冷气层区;也可分为三个区,上述两个区再加上将烟从下部的火焰输送到上部烟气层的燃烧或火羽流区。这种模型通过计算每个区的火灾特性基本参数,如温度、烟气层高度、烟气浓度等,来分析评估每个区和着火房间内的火灾状态及其随时间变化的情况。

区域模型通过求解一系列常微分方程(包括质量、能量守恒方程,理想、气体方程以及对密度、内能的关联式)来预测上、下层温度,烟层界面高度,风口质量流量,热流量,壁面温度等参数随时间的变化情况。

区域模型较场模型更适用于描述建筑结构之间的流体传输过程,如相邻房间烟气通过水平开口(如门、窗等)的传递。但对于几何形状复杂、有强火源或强通风的房间,其误差将会很大,致使其失去真实性。

CFAST 是由美国国家标准与技术研究院(NIST)开发的一个比较有名的火灾双层区域模型。CFAST 是一个多室模型,它可以用来预测用户在设定的火源条件下建筑内的火灾环境。用户在运算时需要输入建筑内各个房间的几何尺寸和连接各房间的门窗开孔情况、围护结构的热物性参数、火源的热释放速率或烧损率及燃烧产物的生成速率。该模型可以预测各个房间内上部烟气层和下部空气层的温度、烟气层界面位置以及气体浓度随时间的变化。同时,还可以计算墙壁表面的温度、通过壁面的传热以及通过开口的烟气质量流量,还能处理机械通风和存在多个火源的情况。其最大局限性在于它内部没有火灾增长模型,需要用户输入热释放速率或质量烧损率和物质燃烧热。在处理辐射增强的缺氧燃烧和燃烧产物等方面还存在一定缺陷。

HAZARD 和 FIRST 模型也是区域模型程序。前者是由美国哈佛大学 Howard Emmons 开发的单室区域模型;后者则是 NIST 在前一个模型的基础上发展出来的,可以预测在用户设定的引燃条件下或设定的火源条件下,单个房间内火灾的发展状况,还可以预测多达 3 个物体被火源加热和引燃的过程。使用该模型时用户首先需要输入房间的几何尺寸和开口条件、围护结构和房间内可燃物的热物性参数,同时还要输入炭黑和毒性气体成分的生成速率。设定火源时,用户可以输入质量烧损率,也可以只输入燃料的基础数据,由程序计算火灾的增长。该模型的预测结果包括烟气层的温度和厚度、气体成分的浓度、墙壁的表面温度和通过开口的烟气质量流量。

FIRST 和其他一些区域模型(包括 CFIRST)之间的主要区别在于:它将其他模型作为输入条件的燃烧速度本身也作为预测计算的对象,只要输入房间和可燃物的数据,就能预测燃烧如何发展。而其他模型则偏重于对烟气在建筑物中的流动性状进行预测。此外,FIRST 是单室区域模型。

3.5.3 网络模型

网络模型是将整个建筑物作为一个系统,而其中的每个房间为一个控制体(或称网络节点),各个网络节点之间通过各种空气流通路径相连接,利用质量、能量等守恒方程对整个建筑物内的空气流动、压力分布和烟气传播情况进行研究。典型的网络模型输入数据是气象参数(空气温度、风速)、建筑特点(高度、渗透面积、开口条件)、送风量、火焰参数和室内空气温度。这种模型可以考虑不同建筑特点、室内外温差引起的烟囱效应,风力、通风空调系统、电梯的活塞效应等因素对烟气传播造成的影响,可实现对建筑楼梯间加压防烟、局部区域排烟及二者联合使用的建筑防排烟系统进行研究分析,评价烟控系统效果及与人员有关的火灾安全分析。

网络模型在计算中都是将整个建筑物作为一个系统,而其中的每个房间为一个节点,假设每个房间的温度、压力等值是均匀的,将其应用于整个建筑着火计算时,计算结果较粗糙,与火灾发生时的实际情况有一定差距。但网络模型可以考虑复杂格局建筑的多个房间,适合计算离起火房间较远区域的情况。

目前,研究多层建筑烟气运动多采用网络模型,主要有日本建筑研究所开发的 BRI 模型,加拿大建筑研究所开发的 IRC 模型,英国建筑研究所开发的 BRE 模型,美国标准技术研究所开发的 NIST 模型,荷兰应用物理研究所开发的 TNO 模型。这些模型都假设烟气流动与空气流动形式一样,烟气与空气立刻混合并均匀。

3.5.4 场模型

火灾的场模型又称为计算流体力学模型,它是应用较多的另一类火灾模型。场是指诸如速度、温度、烟气各组分的浓度等的状态参数在空间的分布。场模型将空间划分为一系列网格,针对每个网格求解质量、动量(方程)和能量守恒方程,得到火灾过程中状态参数的空间分布及随时间的变化情况。

火灾过程是湍流过程,烟气流动的湍流特性一般采用适当的湍流模型描述。湍流运动与换热的数值计算是目前计算流体动力学与计算传热学中困难最多、研究最活跃的领域。在湍流流动及换热的数值计算方面,已经采用的数值计算方法大致分为三类。

1. 完全模拟(直接模拟)

用非稳态纳维斯托克斯 Navier-Stokes 方程(简称 N-S 方程)来对湍流进行

直接计算的方法。这种方法必须采用很小的时间与空间步长,因而它对内存空间的要求很高,同时计算时间也很长,目前世界上只有少数能使用超级计算机的研究者才能对从层流到湍流的过渡区流动进行这种完全模拟的探索。

2. 湍流输运模型

湍流输运模型是基于简化湍流流动模型而产生的,由于它直接模拟动量、热量和浓度的输运,故称为湍流输运模型。这类模型将非稳态控制方程对时间做平均,在所得出的关于时均量物理量的控制方程中包含了脉动量乘积的时均值等未知量,于是所得方程的个数就小于未知量的个数,而且不可能依靠进一步的时均处理而使控制方程封闭,要使方程组封闭,必须做出假设,即建立模型。湍流输运模型法又称为 Reynolds 时均方程法,在时均 Reynolds 方程法中,又有 Reynolds 应力方程法及湍流黏性系数法两大类。

3. 大涡模拟 LES

大涡模拟就是基于把湍流流动分为大涡旋和小涡旋流动的假设,用一组三维非定常的方程求解大涡旋,用近似湍流输运模型求解。

LES 是 1963 年由 Smagorinsky 提出,1970 年由 Deardorff 首次实现,随后得到不断的发展。目前,无论是作为研究的工具还是工程应用的手段,LES 方法都愈来愈受到关注。场模型对计算机硬件设备要求较高,有些模型甚至要求使用大型机、Unix 工作站进行计算。场模拟通常要花费大量的计算时间。因此,只有在需要了解某些参数的详细分布时才使用这种模型。

与区域模型相比,场模型应用于火灾烟气模拟研究的主要优势在于,由于场模型划分的网格数目较大,对于火灾的发生发展、火场温度分布、烟气流动状况及其组分浓度等参数随时间的动态变化可给出相当细致的描述,便于使用者对火场及烟气流动的细节信息进行了解和掌握。

3.5.5 常用烟气流动的场模拟程序

1. JASMINE 模型

JASMINE 是由英国火灾研究站在计算流体动力学模型 PHOENICS 的基础上开发出来的,专用于火灾过程场模拟计算的模型,它采用了湍流双方程模型和简单的辐射模型。用户需要输入火源状况,边界的热物性参数、通风条件,通过求解关于质量、动量、能量和代表化学组分守恒的偏微分方程组得到火灾环境中的温度、速度、压力和代表化学组分的空间分布及随时间的变化。

2. FDS 模型

FDS(Fire Dynamics Simulator)是美国 NIST 开发的一种场模拟程序。FDS 采用数值方法求解一组描述热驱动的低速流动的 Navie-Stokes 方程,重点计算火灾中的烟气流动和热传递过程。该模型可用于烟气控制与水喷淋系统的设计计算和建筑火灾过程的再现研究。

该模型包括两大部分：第一部分简称为FDS，是求解微分方程的主程序，它所需要的描述火灾场景的参数需要用户创建的文本文件提供；第二部分称SMOKEVIEW，是一种绘图程序，人们可用它查看计算结果。

FDS提供了两种数值模拟方法，即直接数值模拟(DNS)和大涡模拟(LES)。一般情况下，在利用FDS进行火灾模拟时均选用大涡模拟。用FDS进行计算时，按照图3-6流程进行。

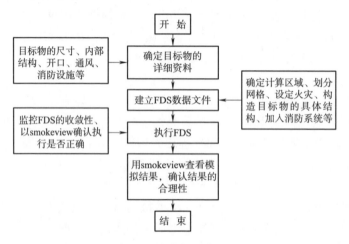

图3-6　FDS应用流程图

3. PHOENICS软件

PHOENICS软件是世界上第一套计算流体与计算传热学商用软件，开放性是它的最大特点。PHOENICS最大限度地向用户开放了程序，用户可以根据需要添加程序、用户模型，它是模拟传热、流动、反应、燃烧过程的通用CFD软件。PHOENICS软件具有模拟火灾烟气流动的专用模块，它是由CHAM有限公司开发的。PHOENICS程序包含两个核心子程序——SATELLITE(卫星)和EARTH(地球)。

①SATELLITE(预处理模块)：作为PHOENICS的前处理程序，主要功能是将用户关于某一特殊流动模拟的指令翻译成EARTH能够懂的语言，通过数据文件将信息传送给EARTH。SATELLITE含有子程序SATLIT，由FORTRAN语言编写，供那些用FORTRAN语言编写输入文件的用户使用。使用PHOENICS进行流动模拟，需用户自己确定模型和公式，描述流动模拟的语句可以通过在快速输入文件Q1文件中使用PHOENICS输入语言PIL语句

编写,或者在 SATLIT 和 GROUND 中使用 FORTRAN 语句编写。用户也可自己编写子程序,这些子程序由 SATILT 和 GROUND 调用。SATELLITE 可用多种方式接受数据,新版 PHOENICS 有四种前处理方式:VR(虚拟现实)窗口(VREDITOR)、菜单、命令、FORTRAN 程序。

②EARTH(主处理模块):包含了主要的流动模拟程序,是软件真正进行模拟的部分,它需要用户在 SATELLITE 中对程序发出指令。EARTH 包含一个随具体问题而定的部分,即子程序 GROUND。当用户定义自己特殊的特性时,GROUND 含有在 EARTH 进行流动模拟时必须运行的那些与问题有关的程序,是用户扩展 EARTH 功能的必要工具。

为显示流体流动模拟生成结果而设计的后处理模块包含四种处理工具。其中 PHOTO 是交互式的图形程序,使用户可以创建图像以显示计算结果,完成各种不同求解区域的可视化作图;AUTOPLOT 也是 PHOENICS 的一种图形程序,主要用于计算结果的线型图形处理,便于模拟计算结果与试验结果或分析结果的比较分析;VR 图形界面系统也可用于显示计算结果,称为 VR VIEW;此外,数值模拟结果也可生成 RESULT 文件,便于用户采用其他手段分析处理。

4. Fluent 软件

Fluent 是国际上流行的 CFD 软件,它广泛用于模拟各种流体流动、传热、燃烧和污染物运移等问题。Fluent 提供了灵活的网格特性,可用于模拟和分析在复杂几何区域内的流体流动与热交换问题,用户可以方便地使用结构网格和非结构网格对各种复杂区域进行网格划分。用户通过 Fluent 交互的菜单界面进行命令与操作,用户可以通过多窗口随时观察计算进程和计算结果。Fluent 本身提供的主要功能包括导入网格模型、提供计算的物理模型、设置边界条件和材料特性,以及求解和后处理。在模拟计算中,Fluent 要求用户定义求解的几何区域、选择物理模型、给出流体参数、给出边界条件和初始条件、产生体网格等,在处理后可对计算结果进行分析和可视化,用户可直接观察并比较计算结果。

3.5.6 混合模型

混合模型所指的可以是将概率模型和确定模型结合起来的火灾模型,也可以是区域模型、场模型和网络模型中两种或两种以上的模型结合起来的一种火灾模型,可以用来对一个较大的和较复杂的场所或建筑的火灾场景进行模拟和分析。例如,对于一座建筑,采用场模型对起火房间中的火灾发展过程进行模拟,采用区域模型对与起火房间相邻的走廊及邻近房间的火灾烟气状态进行模拟,而采用网络模型对远离起火房间的建筑物内部空间的火灾蔓延及烟气扩散状态进行分析。

4 建筑防火性能化设计方法

4.1 建筑防火设计内容

为了预防建筑火灾,人们研究制定了多种防治对策,主要包括:建立消防队伍和机构;研制各种防火、灭火设备;制定有关防火、灭火法规;研究火灾的机理和规律等。其中,做好建筑的防火设计是防止火灾发生、减少火灾损失的关键环节。

建筑防火设计是结合建筑物的火灾防治要求,采用一定的方法,按照一定的步骤,确定建筑物防火措施的工程行为。建筑防火设计规范是国家以法令、法规的形式发布的,用于指导、管理建筑防火设计工作的法规或规定。

我国的建筑防火设计规范主要有《建筑设计防火规范》(GB 50016)、《高层民用建筑设计防火规范》(GB 50045)、《人民防空工程设计防火规范》(GB 50098)等,这些规范对建筑设计的各个环节的防火要求,从技术指标到具体做法都作了具体的规定。

建筑防火设计的主要内容包括以下6个方面:

1. 编制消防设计说明

内容包括设计项目执行的有关消防规范,总平面布局,建筑单体设计执行消防规范的情况,设置消火栓的情况。

2. 总平面布局

总平面布局包括防火间距、消防车道、消防登高操作场地设置情况。

3. 建筑单体消防设计

(1)防火分区的设置,分区之间采用的防火分隔形式。

(2)安全疏散的设计,包括楼梯的形式、数量、宽度,疏散的距离,消防电梯的数量等。

4. 特殊场所(锅炉房、变压器室等)的消防设计等,如消防给水、消火栓系统、固定灭火系统。

(1)消防水源、室外消火栓管网的布置。

(2)室内消火栓系统的设置消防用水量及系统的设计(包括消防水泵的选用、系统分区情况、水泵接合器、水箱的设置)。

(3)自动喷水灭火系统消防用水量、设置部位和系统的设计(包括喷淋泵的选用、系统分区情况、湿式报警阀、水泵接合器、水箱设置)。

(4)其他固定灭火系统(设置部位及选型)。

5. 防排烟系统及通风、空气调节

(1)自然排烟。确定自然排烟可开启外窗的面积。

(2)机械排烟系统。确定机械排烟系统设置的部位、采用的形式,排烟分区的设置,风量的确定,风机的选用情况。

(3)机械加压送风系统。系统设置的部位、风口的设置、风量的确定和风机的选型与布置。

4)通风空调系统。空调系统采用的形式、空调系统的风管和防火阀的设置。

6. 消防电气

(1)确定设计项目的供电要求及消防电源的选择。

(2)火灾自动报警系统:

①确定系统采用的形式。

②火灾探测器的选用及其设置的部位。

③有关联动控制要求。

详细说明消防控制设备对消防水泵、防排烟系统、固定灭火系统、消防电梯、应急照明和疏散指示、应急广播、防火卷帘、防火门的联动控制。

④消防控制中心设置的位置。

(3)确定电气线路的敷设要求。

(4)确定火灾应急照明、疏散指示标志的设置。

现行建筑防火设计规范以条文的形式对上述设计内容进行了规定。传统的建筑防火设计方法是根据建筑物的使用类型、高度、层数、面积、平面布置等情况,对照有关设计规范的条文中给定的消防设施的设置要求及设计参数和指标进行设计,这种设计方法称为"处方式"方法。对应地,将传统的建筑防火规范称为"处方式"规范。"处方式"规范的特点是:在规范的条文中对消防设施的设置及其具体的设计参数指标进行详细规定,设计人员必须严格按照规范条文给出的消防设施设置要求和参数指标制订设计方案。

4.2 性能化防火设计方法的提出

"处方式"防火设计规范是长期以来人们在与火灾斗争过程中总结出来的防火灭火经验的体现,同时也综合考虑了当时的科技水平、社会经济水平以及国外的相关经验。因此,"处方式"防火设计规范在规范建筑物的防火设计、减少火灾造成的损失方面起到了重要作用。但是,随着科学技术和经济的发展,各种复杂的、多功能的大型建筑迅速增多,新材料、新工艺、新技术和新的建筑结构形式不断涌现,都对建筑物的防火设计提出了新的要求。基于这种情况,需要寻求一种新的、承认建筑具有个性化的理念,又基本能保障建筑物中人的生命安全和财产安全的规范,这样就产生了"性能化防火规范"与"性能化防火设计"。最早出现性能化规范的是英国,后来新西兰、澳大利亚、日本、加拿大等国家也都有了性能化规范。

随着我国经济的快速发展,建筑业也得到了空前的发展,超高层建筑、大型商场、地下建筑、大型娱乐游艺场所等大量涌现,火灾形势越来越严峻,群死群伤现象严重,特大恶性火灾事故时有发生,现行的消防技术规范已不能涵盖上述建筑的所有消防安全要求,也不适应社会经济快速发展的要求。

建筑防火性能化设计是通过对建筑的综合防火性能评定,设计出特定的符合该建筑的防火安全系统模式,以实现火灾时保证该建筑物内的人员生命安全和有效控制财产损失的总目标。建筑防火性能化设计方法是建立在消防安全工程学基础上的一种新的建筑防火设计方法,运用消防安全工程学的原理和方法,根据建筑物的结构、用途、内部装修、火灾荷载等具体情况,由设计者根据建筑物的各个不同的空间条件、功能条件及其他相关条件,自由选择为达到消防安全目的而采取的各种防火措施,并将其有机地组织起来,构成该建筑物的总体防火安全设计方案,然后对建筑火灾危险性和危害性进行定量的预测和评估,从而得出最优的防火设计方案,为建筑物提供最合理的防火保护。

国外的研究成果与实践经验表明,性能化设计方法比传统的"处方式"设计方法具有许多优越性,包括:设计方案更加科学、合理;设计方法更加灵活;能有效地保证建筑设计达到预期的消防安全目标;有利于新技术、新材料、新产品的发展;有利于充分发挥设计人员的才能;有利于设计规范、标准与国际接轨。

4.2.1 性能化防火设计概念

性能化防火设计是运用消防安全工程学的原理和方法,首先制订总体目标,然后根据总体目标确定整个防火系统应该达到的性能目标,并针对各类建筑物的实际状态,应用所有可能的方法对建筑的火灾危险和将导致的后果进行定性、定量地预测和评估,以期得到最佳的防火设计方案和最好的防火保护。

4.2.2 性能化防火设计优点

与传统的防火设计相比,性能化防火设计具有以下优点:
(1)性能化防火设计体现了一座建筑的独特性能和用途,以及某个特定风险承担者的需要。防火设计具有很强的个体针对性，而不像规范式设计那样笼统。

（2）性能化防火设计可以根据工程实际的需要，制订消防设计方案，设计思想灵活。

（3）性能化防火设计需要运用多种分析工具，从而提高了设计的准确性和优良性。

（4）性能化防火设计把消防系统作为一个整体进行考虑，综合考虑了整座建筑的各个消防系统之间的协调性。

（5）有利于新技术、新材料、新产品的开发、研制、推广和应用。

4.3 性能化防火设计的基本步骤与方法

1. 性能化防火设计的基本步骤

性能化防火设计的步骤一般包括：确立消防安全目标和可量化的性能要求；分析建筑物及内部可燃物、人员等情况，确定性能指标和设计指标；建立火灾场景和设计火灾；选择分析计算的方法；对设计初步方案进行安全评估；确定设计方案并编写评估报告。

消防安全目标是安全系统最终应达到的总体效果，安全目标中包括具体的性能目标和性能标准，性能目标是建筑物的消防系统在防火、灭火等方面必须满足的具体要求。建筑防火性能化评估目标的建立主要分为3个步骤：首先，确定社会评估目标，社会评估目标一般包括保证人员的生命安全、保护财产物品安全、保证设备运行连续性、限制火灾本身与灭火方式对环境造成的不良影响；其次，在确定社会评估目标的基础上，建立功能评估目标；最后，建立性能评估目标。

表4-1表示了在满足生命安全总体目标基础上，从总体目标到建立设计标准的整个过程的一个实例。

表4-1 性能评估目标设定实例

社会评估目标	功能评估目标	性能评估目标	性能标准
减少火灾造成的人员伤亡	避免着火房间或空间以外人员伤亡	防止着火房间或空间发生轰燃	COHb（碳氧血红蛋白）浓度不超过12%，能见度大于7 m
减少火灾造成的财产损失	避免着火房间或空间外部发生重大热损坏	减少火灾蔓延出着火房间的可能性	上层烟气层温度不大于200℃

续上表

社会评估目标	功能评估目标	性能评估目标	性能标准
减少因火灾造成的商业运营停工及损失	避免运营停工时间超过 8 h	控制烟气量,使之不会对目标对象造成不可接受的破坏	HCl 不超过 5 μL/L;烟气颗粒浓度不超过 0.5 g/m^3
控制因火灾及消防安全措施造成的对环境的影响	避免地下水因灭火用水而遭受污染	提供适当方法收集灭火用水	蓄水能力至少是设计能力的 1.2 倍

火灾场景是对某种火灾发展全过程的一种语言描述,描述了从引燃或者从设定的燃烧到火势增大,发展到最大及逐渐熄灭等阶段。设计火灾是对某一特定火灾场景的工程描述,可以用一些参数(如热释放速率、火灾增长速率、物质分解物、物质分解率等)或者其他与火灾有关的可以计量或计算的参数来表现其特征。

提出和评估设计方案是提出多个消防安全设计方案,并利用计算程序或计算公式进行评估,以确定最佳的建筑防火设计方案。

评估报告需要概括分析设计过程中的全部步骤,并且报告和设计结果所提出的格式和方式都需要符合权威机构和业主的要求。

2. 性能化设计的方法

以保证人员的生命安全为防火目标,性能化防火设计的思路和方法为:保证建筑物内人员安全疏散,人员疏散完毕所需时间必须小于火灾发展到危险状态的时间,即必需安全疏散时间小于可用安全疏散时间。

人员的安全疏散是火灾发生时,在未达到危害人员生命的状态之前,将建筑物内的所有人员疏散到安全区域。必需安全疏散时间(RSET)是指从起火时刻起到人员疏散到安全区域的时间。可用安全疏散时间(ASET)是指从起火时刻到火灾对人员安全构成危险状态的时间。

建筑火灾中人员的安全是由可用安全疏散时间和必需安全疏散时间决定的。可用安全疏散时间即到达危险状态时间,通常以烟气层高度、烟气层温度以及烟气浓度等指标作为判断标准。

建筑防火性能化设计过程如图 4-1 所示。首先,根据建筑物内人员情况、可燃物状况提出初步的防火设计方案;其次,假定在建筑物内发生火灾,并以某种形式和速度发展蔓延,同时假定建筑物内人员在火灾发生后的某一时刻所到火灾报警并开始疏散;最后,选择适当的工程分析和计算方法,计算得出可用安全疏散时间和必需安全疏散时间。如果在某设计方案下,必需安全疏散时间比可用安全疏散时间长,则意味着在所有人员全部疏散到安全地点之前,建筑物内已达到危险状态,该方案显然是不可采用的。因此,应该采用适当的消防对策,修改防火设计方案,直到计算得出的可用安全疏散时间和必需安全疏散时间满足要求。防火对策包括控制燃烧、调整疏散设计、调整防排烟设计方案及喷水灭火方案等方面。其中,控制燃烧可以通过控制可燃物的数量和采取灭火措施来实现。

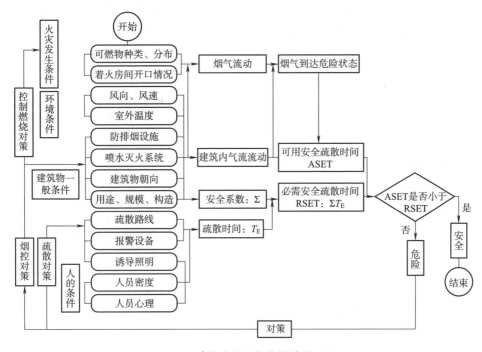

图 4-1 建筑防火性能化设计流程图

另一方面,如果必需安全疏散时间比可用安全疏散时间小很多,则意味着设计方案可能提供了过度的消防保护,增加了不必要的投入,设计方案也不一定合理,可以考虑适当地减少安全出口数量、增加疏散距离等,以降低建筑成本。

性能化设计就是通过定量分析和计算工具确定必需安全疏散时间和可用的安全疏散时间,从而确定具体的防火技术设计方案。

5 试验研究

本章以广州市正在规划建设的麓湖地下空间项目为例,对拟定的研究内容进行展开。试验部分内容共分三个主要组成部分:有机玻璃模型设计与加工;发烟剂研究;地下综合体火灾烟气扩散模拟试验。

5.1 有机玻璃模型设计与加工

5.1.1 麓湖地下空间项目简介

作为麓湖地下空间项目建设的出发点,白云山南门区域改造项目地处广州中心城区北部主要东西向主干路广园路与横枝岗路、麓湖路的相交节点,是连接内环路、东濠涌高架等干道的交通枢纽。其中,广园路作为广州北部的主干道,是规划部门最为关注的问题。规划方案希望通过下沉长约 600 m 八车道的车行隧道以解决广园路的直行车流,同时通过连接地下空间的匝道实现与地面道路特定方向的交通转换。横枝岗路、云山南路与广园路、白云山南门各方向均有互通专用通道。因此,麓湖地下空间项目同时兼顾着交通枢纽和换乘枢纽的两大功能。

麓湖地下空间项目最关键的要点是将对广园路部分路段进行下沉,在白云山南门开发集下沉式广园路、地铁、公交枢纽、800 个停车位的立体地下空间。本项目研究即以规划建设的麓湖地下空间项目为代表,通过模型试验和数值模拟,展开城市地下综合体防火设计关键技术研究。

麓湖地下空间项目规划平面图如图 5-1 所示,在广园中路以北,规划有一座地铁站、地下公交换乘及首末站,能实现人流的集中疏散;项目建设能够新增旅游大巴停车位 30 个,公交站面积为 13 000 m^2,公交首发线路 5 条,机动车停车位 800 个,有效解决白云山上山停车难的问题。地下空间里还包括地铁 11 号线地铁站的建设。这条环绕广州市区的地铁大环,将令天河公园、员村、琶洲、江泰路、燕岗、石围塘、如意坊、中山八、广州火车站等地的人们通过轨道交通到达白云山脚。麓湖地下空间项目在广园中路以南,规划建设商业、餐饮用地及停车场用地约 33 000 m^2。

5.1.2 模型试验规模

麓湖地下空间的平面规模非常之大,但其竖向尺寸仅为地下 2 层,约 9 m。根据模型试验的可操作性原则,模型设计时将平面尺寸缩小为实际对象的 1/75,而竖向尺寸则缩小为实际对象的 1/30,使每层的高度保持在 150 mm,以利于安放发烟剂。另外,由于麓湖地下空间在广园中路南北两侧的部分具有近似的交通组织和通风方式,且受广园中路的分隔而具有相对独立性,因此模型设计中仅考虑了广园中路以南的部分。全部模型均采用"盛达隆"牌高透光性有机玻璃制作,板厚统一取为 5 mm,另为加工制作方便而又不失代表性,对部分商铺进行了归并。加工制作好的模型安放于北京科技大学土木系结构试验室。

从麓湖地下空间项目建设意图来看,广园中路南北两侧的地下空间项目平面面积总计 4.6 万 m^2,即便模型比例取为 1∶100,模型平面面积也达 4.6 m^2,如此大规模的模型在试验室条件下是难以实现的,且因地下空间结构的层高为 5 m 左右,若模型比例取 1∶100,则每层高度仅为 5 cm,在安装发烟装置时将产生较大困难。

根据相似理论,模型试验中把流体流动原型按一定比例缩小,模拟与实际情况相似的流体进行观测和分析研究,然后将模型试验的结果换算和应用到原型中,分析判断原型的情况,其关键问题之一,是保证模型流体和原型流体保持流动相似。所谓流动相似,则是指两个流动的相应点上的同名物理量,如速度、压强和各种力等,具有各自固定的比例关系。一般情况下,模型和原型保持流动相似,应满足几何相似、运动相似、动力相似及初始条件和边界条件相似四个条件。

几何相似是指模型与原型的外形相似,其各对应角相等,而且对应部分的线尺寸均成一定比例,对应角相等,则长度比尺 $\lambda_l = l_p/l_m$,面积比尺 $\lambda_A = \dfrac{A_p}{A_m} = \dfrac{l_p^2}{l_m^2} = \lambda_l^2$,体积比尺 $\lambda_v = \dfrac{V_p}{V_m} = \dfrac{l_p^3}{l_m^3} = \lambda_l^3$,可见一般情况下几何相似是通过长度比尺 λ_l 来表示的,只要任一对应长度都维持固定的比尺关系 λ_l,就保证了流动的几何相似。

运动相似是指原型与模型两个流动的流速场和加速度场相似。要求两个流场中所有对应的速度和加速度的方向对应一致,大小都维持固定的比例关系。在模型试验中,速度比尺 $\lambda_u = \dfrac{u_p}{u_m}$,时间比尺 $\lambda_t = \dfrac{t_p}{t_m}$,则 $\lambda_u = \dfrac{u_p}{u_m} = \dfrac{l_p/t_p}{l_m/t_m} = \dfrac{\lambda_l}{\lambda_t}$;加速度比尺则可表示为:$\lambda_a = \dfrac{a_p}{a_m} = \dfrac{l_p/t_p^2}{l_m/t_m^2} = \dfrac{l_p}{l_m}\left(\dfrac{t_p}{t_m}\right)^{-2} = \lambda_l \lambda_t^{-2}$。由于各相应点速度成比例,所以相应断面平均流速有同样的速度比尺,即 $\lambda_v = \dfrac{v_p}{v_m} = \lambda_u$。可见

运动相似是通过长度比尺 λ_l 和时间比尺 λ_t 来表示的。长度比尺已由几何相似定出。因此,运动相似就规定了时间比尺,只要对任一对应点的流速和加速度都维持固定的比尺关系,也就是固定了长度比尺 λ_l 和时间比尺 λ_t,就保证了运动相似。

动力相似是指原型与模型两个流动的力场几何相似。要求两个流场中所有对应点的各种作用力的方向对应一致,大小都维持固定比例关系,即 $\lambda_f = \dfrac{F_p}{F_m}$,其中 F_p 和 F_m 分别为原型与模型上对应点的作用力。由牛顿第二定理,$F=ma=\rho V a$,则力的比尺为 $\lambda_f = \dfrac{F_p}{F_m} = \dfrac{\rho_p V_p a_p}{\rho_m V_m a_m} = \lambda_\rho \lambda_v \lambda_a$。因有 $\lambda_v = \lambda_l^3$,$\lambda_a = \lambda_l \lambda_t^{-2}$,则 $\lambda_f = \lambda_\rho \lambda_l^3 \lambda_l \lambda_t^{-2} = \lambda_\rho \lambda_l^2 \left(\dfrac{\lambda_l}{\lambda_t}\right)^2 = \lambda_\rho \lambda_l^2 \lambda_v^2$,则 $\dfrac{F_p}{F_m} = \dfrac{\rho_p l_p^2 v_p^2}{\rho_m l_m^2 v_m^2}$,亦可写成无量纲数:$\dfrac{F_p}{\rho_p l_p^2 v_p^2} = \dfrac{F_m}{\rho_m l_m^2 v_m^2}$,该无量纲数在相似原理中称为牛顿数 N_e,即 $N_e = \dfrac{F}{\rho l^2 v^2}$。若两个流动属于动力相似,则其牛顿数相等;反之两个流动的牛顿数相等,则两个流动动力相似。在相似原理中,两个动力相似流动中的无量纲数,如牛顿数,称为相似准数。动力相似条件(相似准数相等)称为相似准则。

初始条件相似适用于非恒定流,边界条件的相似有几何、运动和动力三个方面的因素。如固体边界上的法线流速为零,自由液面上的压强为大气压强等。在相似原理中,一般认为几何相似是运动相似和动力相似的前提与依据,动力相似是决定两个流体运动相似的主导因素;运动相似是几何相似和动力相似的表现,凡流动相似的流动,必是几何相似、运动相似和动力相似的流动。

若作用于流体上的力主要是黏性力,则根据牛顿内摩擦定律,黏性力 $T = \mu A \dfrac{du}{dy} = \rho \nu A \dfrac{du}{dy}$,黏性力比尺 $\lambda_T = \dfrac{T_p}{T_m} = \dfrac{\rho_p \nu_p A_p \dfrac{du_p}{dy_p}}{\rho_m \nu_m A_m \dfrac{du_m}{dy_m}} = \lambda_\rho \lambda_\nu \lambda_l \lambda_v$,由于作用力仅考虑黏性力 $F=T$,即 $\lambda_f = \lambda_T$,则 $\lambda_\rho \lambda_l^2 \lambda_v^2 = \lambda_\rho \lambda_\nu \lambda_l \lambda_v$,化简后得 $\dfrac{\lambda_l \lambda_v}{\lambda_\nu} = 1$,或写成无量纲数 $\dfrac{v_p l_p}{\nu_p} = \dfrac{v_m l_m}{\nu_m}$,即雷诺数 $(Re)_p = (Re)_m$。这表明,若作用在流体上的力主要是黏性力时,两个流动动力相似,它们的雷诺数应相等。反之,两个流动的雷诺数相等,则这两个流动一定是在黏性力作用下动力相似,这个准则称为雷诺准则。

若作用于流体上的力主要是重力,重力 $G=mg=\rho V g$,重力比尺 $\lambda_G = \dfrac{G_p}{G_m} =$

$\dfrac{\rho_p V_p g_p}{\rho_m V_m g_m} = \lambda_\rho \lambda_g \lambda_l^3$,由于作用力 F 中仅考虑重力 G,因而 $F=G$,即 $\lambda_f = \lambda_G$,于是 $\lambda_\rho \lambda_l^2 \lambda_v^2 = \lambda_\rho \lambda_g \lambda_l^3$,化简得 $\dfrac{\lambda_v^2}{\lambda_g \lambda_l} = 1$,或写成无量纲量 $\dfrac{v_p^2}{g_p l_p} = \dfrac{v_m^2}{g_m l_m}$,即弗劳德数 $Fr = \dfrac{v^2}{gl}$,因此有 $(Fr)_p = (Fr)_m$。这表明,若作用在流体上主要是重力,两个流动动力相似,它们的弗劳德数相等;反之,两个流动的弗劳德数相等,则这两个流动一定是在重力作用下动力相似,这个准则称为弗劳德准则。

若作用于流体上的力主要是压力,压力 $P = pA$,压力比尺 $\lambda_P = \dfrac{P_p}{P_m} = \dfrac{p_p A_p}{p_m A_m} = \lambda_p \lambda_l^2$,由于作用力 F 中只考虑压力 P,因而 $F = P$,即 $\lambda_f = \lambda_P$,于是可得 $\lambda_\rho \lambda_l^2 \lambda_v^2 = \lambda_p \lambda_l^2$,化简得 $\dfrac{\lambda_p}{\lambda_\rho \lambda_v^2} = 1$,则 $\dfrac{p_p}{\rho_p v_p^2} = \dfrac{p_m}{\rho_m v_m^2}$,该无量纲数为欧拉数 $Eu = \dfrac{p}{\rho v^2}$,故有 $(Eu)_p = (Eu)_m$。这表明,若作用在流体上的力主要是压力,两个流动动力相似,则它们的欧拉数应相等。反之,两个流动的欧拉数相等,则这两个流动一定是在压力作用下动力相似,该准则称为欧拉准则。

但在实际工程中,几何相似、运动相似和动力相似同时实现是困难的,例如,要保持雷诺数 Re 相等,由于模型的长度 L 比实物要小若干倍,就要求模型中的流速 V_m 比真实流速 V_p 要大同样的倍数,这就破坏了欧拉数 E_u 数相等的相似准则。因此,在模型试验中,只要使其中起主导作用外力满足相似条件,就能够基本上反映出流体的运动状态。有时甚至必须破坏几何相似条件,才能达到运动相似、动力相似和热力相似的目的。即相似理论在实践中只具相对性而不具绝对性,只有部分相似没有完全相似。例如在飞行器风洞试验中,要求给出支承尾翼的所谓"尾翼座"的阻力特性,但是能模拟"尾翼座"几何外形的最小全模型必须在喷管出口截面积为 300 mm×300 mm 的风洞内进行试验,而受限于风洞出口的尺寸,亦可采用局部缩小的模型进行试验,而换算至原型结构。又如在河工模型的水流阻力分析模型试验中,由于原有河床的糙率和模型中水泥抹面的糙率应保持相似,但实际河床糙率约 0.01,当采用 1∶100 的缩尺比例时,要求模型中河床糙率保持在 1.0 左右,此时可将模型的水平比尺选为 400,铅直比尺选为 100,即变率为 4.0,这样可保证糙率相似比尺为 1.08,基本不需要加糙,即可满足试验要求。再如,在研究水下冲击波对船体的影响问题时,在完全几何相似的条件下,在弹性范围内,应用相似规律可将模型试验的结果推广到原型。但由于所有构件尺寸都按同一比例作几何相似,尤其是大缩比时,将导致某些构件(如型材等)的尺寸过小,模型实际建造难以实现。为此,将相似模型作为基础标准形式,根据实际情况对模型进行一定程度的变异,并分别采用材料等效法和摊板厚法对相似模型进行变异,能较好地通过变异模型反映相似模型结构振动响应特性,但不适合模拟相似模型结构的应力变化。由此可见,相似模型设计时根据试验条件的限制,合理选用不完全几何相似模型,是可以达到解决主要问题的目的的。

由于广园中路以北规划的公交首末站及地铁站与广园中路以南的商业餐饮及停车场地块相对独立,从消防设计上可以分开对待。因此本项目研究仅以广园中路以南的商业餐饮及停车场用地为对象展开研究。考虑到模型试验的规模,模型在平面尺寸上缩尺比例为1:75,而在立面尺寸上缩尺比例控制为1:30,这样可以保证发烟剂安装的效果。

5.1.3 模型材料选择

城市地下综合体火灾模拟试验的关键内容,是火灾后烟气扩散过程的记录烟雾浓度的测量。为能采用照片、视频等记录手段采集烟雾扩散的形态学参数,所设计的试验模型必须为透明材料制成。出于这种考虑,本项目选择有机玻璃作为模型试验材料。由于模型较大,有机玻璃的板厚必须尽量大,以增加模型在搬运、组装过程中的刚度和承载力。有机玻璃试验模型的图纸及有机玻璃模型加工安装后照片如图5-2~图5-8所示。

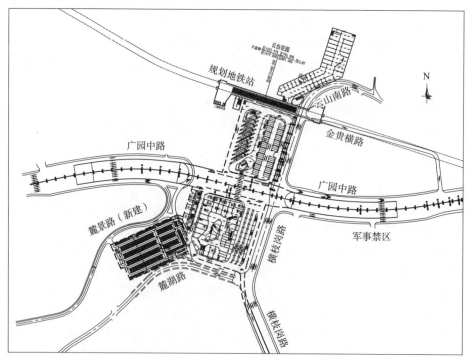

图5-1 麓湖城市地下综合体规划平面方案图

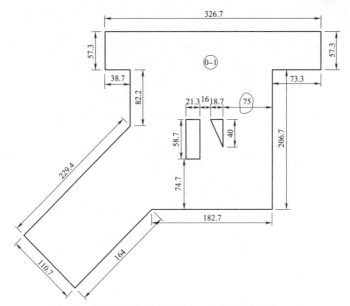

图 5-2　模型地下一层顶板(0—1 板)图(单位:cm)

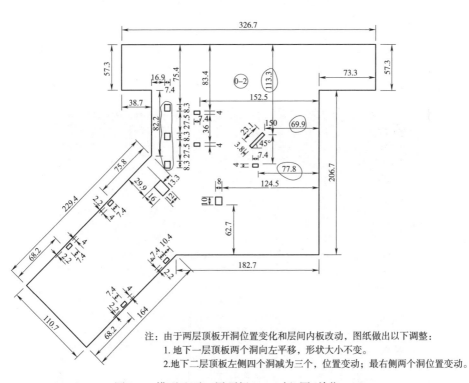

注：由于两层顶板开洞位置变化和层间内板改动，图纸做出以下调整：
　　1.地下一层顶板两个洞向左平移，形状大小不变。
　　2.地下二层顶板左侧四个洞减为三个，位置变动；最右侧两个洞位置变动。

图 5-3　模型地下二层顶板(0—2 板)图(单位:cm)

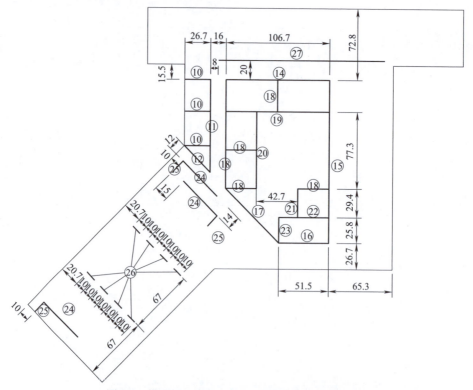

图 5-4 模型层间内板(地下两层相同)图(单位:cm)

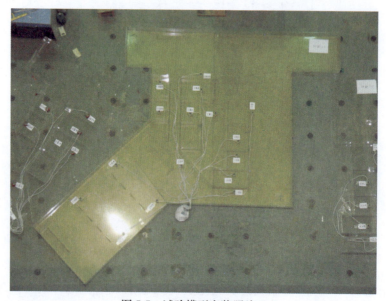

图 5-5 试验模型安装照片 1

5 试验研究

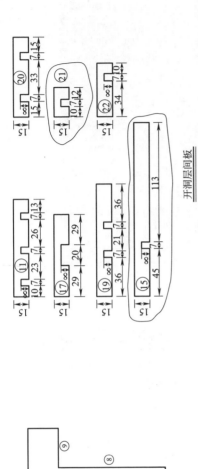

图 5-6 模型侧板与工程材料数量图（单位：cm）

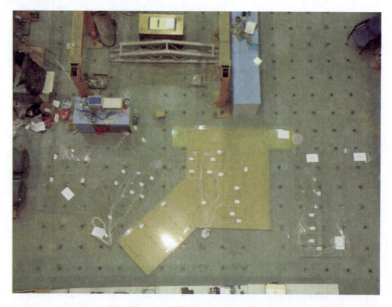

图 5-7 试验模型安装照片 2

图 5-8 试验模型安装照片 3

5.2 试验记录设备

试验过程中用佳能 CAN3560 型相机拍摄照片与视频,采用 PM10 和 PM2.5 型袖珍激光可吸入粉尘连续测试仪记录模型中的粉尘浓度(图 5-9)。

图 5-9　PM10 型袖珍激光可吸入粉尘连续测试仪

5.3 发烟剂配比研究

在试验室条件下进行火灾模拟,根据试验对象规模大小,可分为模型试验和原型试验两大类。原型试验是指完全根据实际火灾场景大小,按 1∶1 比例进行试验,具有试验结果直观、细节再现效果好的优点。但是,由于原型试验需要较大体积的试验装置,造价较为昂贵,且试验中产生大量烟气,对环境也造成不可忽视的污染。因此在条件限制时也常常采用模型试验。在模型试验中,火的模拟可以是真实的燃烧过程,也可以在只关心烟气扩散过程的情况下,采用发烟剂对火灾过程进行模拟,因此发烟剂成为进行建筑物火灾烟气扩散模拟试验中的关键装置。

5.3.1 发烟剂基本原理

发烟剂是一种单组分或多组分的烟火药剂。它可以是固态的(如赤磷发烟剂、HCl 发烟剂等),也可以是液态的(如 $TiCl_4$ 发烟剂、氯磺酸发烟剂等);可以是无机物质,也可以是有机物质。

烟雾作为一种人工气溶胶,是由特别小的固体或液体颗粒悬浮在空气中形成的混浊气团,构成烟雾的颗粒是由各种气态材料产生的,其形成的基本原理与一般气溶胶没有本质上的差异。烟雾通常是物理过程的机械分散方式和物理化学过程的凝集方式而形成的。两种形成方式的区别在于：分散是使原物系的比表面积增大，而凝集则与之相反，使比表面积减小。

产生烟雾的方法有两种，一种方法是冷却汽化材料使其变成同一材料的微粒，这是"物理烟雾"；另一种方法是通过某种化学反应，例如，燃烧等产生与原材料不同性质的材料微粒，这是"化学烟雾"。

要产生物理烟雾，应制备汽化状态的A(成烟材料)和B(气体)两种材料的混合物。A的沸点必须高于B的沸点。冷却A和B的混合物时，A先变成液态或固态微粒，B分散在A形成的微粒间阻止其凝聚，A形成特别微小的颗粒悬浮在空中，这就是产生物理烟雾的原理。例如雾就是一种物理烟雾。当含有少量水蒸气(A)的空气(B)冷却时，水蒸气(A)凝结成微小的水点悬浮在空气(B)中，这就是雾。利用干冰产生的烟雾也是物理烟雾。水蒸气(A)与干冰升华成的极冷的二氧化碳气(B)混合冷却，产生白烟(微小的冰粒悬浮在空中形成)和水雾。为了产生化学烟雾，应该通过化学反应(燃烧)同时生成A和B两种材料，A变成烟雾微粒，B保持气态阻止A形成的微粒凝聚。无论如何，燃烧源材料在燃烧反应后必须是气态。

物理烟雾主要指染料烟雾，这是燃烧某种挥发性染料和热源的混合物产生的烟雾。在这种情况下染料气体相当于材料A，热源产生的气体相当于材料B，热源不仅必须产生使染料汽化所需热量，还必须产生阻止染料微粒凝聚的气体。

加热单独放在地锅中的染料时，产生的染料烟尘看起来是稀薄的烟尘而不像烟雾。通过显微镜看到的染料烟尘微粒是由凝聚在一起的许多微粒组成，这不是合适的烟雾微粒，出现这种情况的原因是缺少材料B，使微粒直径变大，形不成气溶胶。但是将同样的挥发性染料和某种热源(如3:6的乳糖与高氯酸钾混合物)的混合物装在有一小孔的罐内点燃时，就会有颜色相当漂亮的烟雾从小孔喷出。通过显微镜观察出染料烟雾微粒未进一步凝聚。在这种情况下，热源燃烧产生的气体起完全阻止染料微粒凝聚的材料B作用，使微粒直径达到形成气溶胶的条件。

用作材料A的染料必须有良好的耐热性和较小的汽化热，而且要有不低于100℃的稍高冷凝点。由于在很多情况下材料B中通常含有较多百分比的水蒸气，所以染料蒸气必须在水蒸气之前冷凝。如果水蒸气在染料蒸气之前冷凝，则材料B的作用可能大幅度降低。然而染料的冷凝点过高又不利于蒸发。

5.3.2 有色发烟剂及其机理

1. 对有色发烟剂的特殊技术要求

有色发烟剂除应符合烟火药一般的安全、质量技术要求外，尚须满足下列特

殊技术要求:

(1)燃烧时应产生足够的热量和足够的气体。

有色发烟剂的制取,主要是利用有机染料升华而产生红、黄、绿、蓝、紫等色彩。因此足够的热量是使得染料升华的必需条件,同时只有产生足够的气体才能使染料分散到周围空间中去。

(2)能在低温下点燃并能在低温下持续稳定燃烧。

大部分染料升华温度在 400~500℃范围,温度过高时染料会分解,烟色质量和烟量均会下降。因此要求能在 400℃上下点燃并能持续稳定地燃烧。为此,氧化剂多采用氯酸钾,它在低温下易分解。氯酸钾与许多有机可燃剂混合,点火温度低于 2500℃。但不宜用金属粉作可燃剂,因为其反应温度过高。

(3)安定性好。

由于有色发烟剂发火温度低,则它是在低温下易反应的药剂。为在制造和储存过程中确保安全并保证其质量稳定,它必须安定性要好。

(4)残渣产物疏松多孔。

燃烧型发烟剂残渣产物中有疏松多孔状,才可能使下层燃烧反应的发烟生成物顺利通过,从而获得最佳烟雾效果。

2. 有色发烟剂的配制原理

(1)有色发烟剂的配制

目前主要是利用各种颜色的有机染料为成烟物,借氧化剂和可燃剂燃烧放出的热使染料升华而产生红、黄、绿、蓝、橙、紫等色彩。当含有氧化剂、可燃剂和有机染料的有色发烟剂燃烧时,其放出的热使得染料升华为蒸气,并被气态的反应生成物扩散于大气中,在大气中染料蒸气冷凝即成有色烟。

虽然用分散法将无机颜料如铅丹、朱砂、群青蓝等喷撒到大气中也能获得有色烟云,但由于消耗颜料多,加上分散的颗粒尺寸较大易于沉降,烟云稳定性很差,所以一般很少采用。

直接利用药剂燃烧生成有色物质的化学反应方法不理想,因为其烟云的颜色和质量很少合乎要求。

有色发烟剂配制关键在于成分的选择和配方的设计。

(2)成分的选择

既然有色发烟剂的制取在目前主要是采用有机染料升华的办法来获得各色烟云,所以染料的选择至关重要,而氧化剂和可燃剂的选择则是保证染料有效地升华。

①氧化剂

由于染料在高温条件下会分解,这就要求有色发烟剂的氧化剂应是低温反应材料,它的分解温度要低,以保证低温下点火,燃烧能可靠传播。大量试验研究认为氯酸钾是有色烟剂的最好氧化剂。由70%氯酸钾和30%的蔗糖组成的烟火剂的着火温度为220℃,反应热约3.3 kJ,氯酸钾与硫或某些有机可燃剂混合后点火温度低于250℃。也可选用高氯酸钾作氧化剂,其效果不如氯酸钾。但是选择硝酸盐作有色发烟剂的氧化剂,在多数情况下烟的颜色和质量均不够好。

②可燃剂

有色发烟剂的可燃剂不能选用金属粉,只能选用有机化合物中的碳水化合物。这是因碳水化合物燃烧时能产生大量气体和放出较低的热量,保证了有机染料不分解并使升华的染料能尽快离开燃烧反应区而排泄到大气中冷凝成烟。一般选择乳糖、甜菜糖、淀粉、木屑等作有色发烟剂的可燃剂。

③有机染料

随着染料工业的迅速发展,市售的染料种类很多,但适合作有色烟剂的染料必须具备下列条件:

a. 在温度400~500℃时能迅速升华。

b. 在升华时极少分解。

c. 染料的蒸气在空气中凝结时生成鲜明的所需的烟色,并在空气中有良好的稳定性。有机染料必须能迅速升华,否则在燃烧的高温下时间过长会分解。

染料选择必须充分注意到其对人类的健康危害性。从染料分子结构式来看,很多是有毒有害化合物。

在有色发烟剂中选用的染料还应具备好的挥发性和化学稳定性。挥发性高的染料加热时能迅速汽化而很少分解,通常选用低分子量的染料。染料挥发性一般随分子量增大而降低。离子化合物由于晶格中存在强烈的离子间引力,一般挥发性低,盐类染料不具备上述性能。因此,不能选用带有—COO—(羧基离子)和—NR(胺盐离子)官能团的染料。在有色发烟剂中化学稳定性好的染料是不应带有富氧官能团的材料,但必须注意在富氧时可能发生氧化耦合反应。

(3)配方的设计

通常将有色发烟剂的配方设计为:氯酸钾20%~40%,碳水化合物15%~25%,染料45%~55%,黏合剂0~5%。

为了降低药剂的机械感度,也为了造粒需要,在配方中加入酚醛树脂一类黏合剂。但不能加松香和油类,因为这些有机物含氧小,会在燃烧时产生火焰。为了调整发烟剂反应温度和中和药剂中可能产生的酸,同时也为了进一步降低药物敏感度,在配方中还添加碳酸氢钠或碳酸镁等。

氧化剂与可燃剂的比例直接影响产气量和热量。氯酸钾与硫黄混合的有色发烟剂,二者理论的化学计量比是 2.55∶1.00(245∶96),氯酸钾与硫黄反应放热量不高,当以化学计量方式配制该药剂时,所产生的热量能使染料很好地挥发。氯酸钾与碳水化合物(如乳糖 $C_{12}H_{22}O_{11} \cdot H_2O$)反应,按照氧化剂与可燃剂的比例不同可生成一氧化碳、二氧化碳等,通过平衡方程式,生成一氧化碳理论的化学计量比是 1.36∶1.00 (490∶360.3);生成二氧化碳理论的化学计量比是 2.72∶1.00(980∶360.3)。

调整氯酸钾与糖的比例可以控制放热量。应避免过多地使用氧化剂,因为氧化剂过量会促使染料分子氧化。染料用量也要适当,染料过多则起缓燃作用。

5.3.3 发烟剂应用现状

如前所述,发烟剂主要有物理烟雾和化学烟雾两类,根据应用场合,发烟剂主要应用于以下场合:

(1)农业。农业研究中发烟剂主要用于农药的分散过程,如利用烟雾作为载体,将杀虫剂等农药均匀扩散到农作物表面。

(2)烟花爆竹工业。在烟花爆竹工业中,需要各种颜色的烟雾,以达到特殊的彩带图案,实现娱乐观赏的视觉效果。

(3)军事及急救信号。有色发烟剂在军事上主要用作白天传递信号和目标的指标;在航海中用橙色烟雾作求生信号。

(4)火灾模拟试验用发烟剂。在火灾模拟试验中大量采用发烟剂。

模拟火灾用发烟剂运用场所比较广,能用于学校、医院、娱乐、宾馆、酒店、办公及生产等进行消防演习的场所;军事消防、航空影视、舞台场景等需要采用烟雾遮蔽的场所;反恐、警用、高速公路信号、海上信号、野外信号等需要采用烟雾,作为信号指示的场所以及其他需要烟雾效果的场所。

模拟火灾用发烟剂大体能分为四类,分别是干冰发烟剂、烟油发烟剂、燃烧发烟剂、烟火类发烟剂。由于烟火类发烟剂具有体积小、重量轻、携带方便、操作简单等特点,能营造一种逼真的火灾环境氛围,并且对人体基本无毒、无害,具有火场高仿真性能,在模拟火灾用途上得到了群众的广泛认可。

5.3.4 火灾烟气扩散模拟试验用发烟剂研究

本项目火灾烟气扩散模拟试验中采用的发烟剂研制主要基于氯酸钾和蔗糖之间的氧化还原反应进行展开。配合比试验主要着眼于解决以下几个问题:

(1)氯酸钾和蔗糖的最优配合比

根据氯酸钾与蔗糖之间的化学反应方程式,氯酸钾作为氧化剂,蔗糖作为还原剂,其产物为水(气态)、二氧化碳和氯化钾。其中水蒸气和二氧化碳为气态产物,是氯化钾微粒的分散剂,产烟量的大小主要依据水和二氧化碳的体积确定。发烟剂制备的关键问题之一就是确定氯酸钾与蔗糖之间的合理配合比。配合比评价标准主要包括两个指标,一是反应的均匀可持续性,二是反应速度。

反应的均匀可持续性指标主要是为了保证发烟剂在引燃后能持续、稳定地产生烟雾。优良配合比的发烟剂应能获得持续、均匀的烟雾,不会中途熄火,也不会发生间歇性的明火或烟雾产生过程中断。

发烟剂反应速度指标,主要是控制反应不可过于迅速,导致产生明火甚至爆燃,烟雾产量降低。

(2)引燃方式研究

在地下空间结构模拟火灾分析过程中,发烟剂采用何种引燃方式,对试验效果有较大影响。良好的引燃方式应能适应对试验过程具有较小干扰,引燃成功率高,同时还具有方便引燃的优点。

(3)装置设计

发烟装置设计方案的优劣,对发烟效果有重要影响。发烟装置应能为发烟的持续性和均匀性、可靠性提供支持。

以下对上述三个重要问题分别展开进行论述。

1)氯酸钾与蔗糖配合比对发烟效果的定性分析

根据氯酸钾与蔗糖化学反应方程:

$$8KClO_3 + C_{12}H_{22}H_2O \rightarrow 8KCl + 12CO_2 + 12H_2O \tag{5-1}$$

氯酸钾的分子量:$39+35+3\times16=122$

蔗糖分子量:$12\times12+24\times1+16=184$

则完全反应条件下,氯酸钾(A)与蔗糖(B)的质量比为:

$$A:B = 8\times122:184 = 976:184 = 5.30:1 \tag{5-2}$$

式(5-2)表明,在完全反应条件下,氯酸钾约为蔗糖质量的 5.30 倍,此时,其反应产物完全为氯化钾、二氧化碳和水,其中水以水蒸气的形式出现。当氯酸钾与蔗糖的质量比超过 5.30 时,氯酸钾过量,反应速度将加快;而当氯酸钾与蔗糖质量比低于 5.30 时,氧化剂氯酸钾比例不足,将减缓反应的发生,在氯酸钾比例严重不足时,甚至反应可能由于产热不足而难以维持,导致反应中断。

为研究氯酸钾与蔗糖的配合比对发烟剂发烟效果的影响,分别采用氯酸钾与蔗糖的比例为 9:1、8:2、7:3、6:4、5:5、4:6、3:7、2:8、1:9,试验发烟效果。

2)引燃方式选择

由于火灾烟气扩散模拟试验中,试验模型为地下一层和地下二层,当模拟在不同位置发生火灾工况时,必须保证不需要拆卸模型即可引燃发烟剂,因此,采用明火引燃发烟剂的方式不能使用,只能采用电路引燃。为能利用电路产生高温以引燃发烟剂,试验过程中分别试验电珠钨丝与镍铬铝电热丝的引燃效果。经分析,发烟剂的容器对试验效果也有较大影响,主要体现在容器开口大小。容器开口较大时,发烟剂与空气接触面积大,反应开始后,由于热量产生,会引起蔗糖与空气中的氧气发生氧化—还原反应,加速反应过程,而引起发烟时间变短。考虑筒状发烟剂容器——坩埚、钢筒和陶瓷筒对发烟效果的影响。

3)发烟装置设计

发烟装置与引燃方式和发烟剂容器有关,分别考虑以下三种装置:

①容器采用坩埚,引燃方式采用电珠钨丝(图5-10);

②容器采用断面尺寸 20 mm×30 mm 钢筒,引燃方式为电珠钨丝;

③容器采用内径 30 mm 陶瓷筒,引燃方式采用镍铬铝电热丝(图5-11、图5-12)。

图 5-10　发烟剂置于坩埚,用电珠钨丝引燃

图 5-11　发烟剂置嵌于坩埚的陶瓷筒,用镍铬铝电热丝引燃

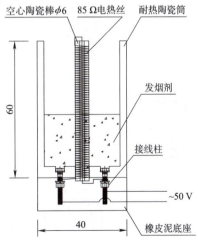

图 5-12　发烟陶瓷筒原理示意图

5.3.5 试验过程与小结

1. 装置1,氯酸钾与蔗糖质量比为9∶1、8∶2试验结果

将氯酸钾与蔗糖的质量比控制为9∶1、8∶2,置于装置1进行试验,或无法引燃,或引燃后仅产生明火,且反应剧烈,反应时间很短,仅可获得极少量烟雾,无法应用于火灾烟气扩散模拟试验。

2. 装置1,氯酸钾与蔗糖质量比为7∶3、6∶4试验结果

将氯酸钾与蔗糖的质量比控制为7∶3,置于装置1进行试验,药剂易于引燃,反应剧烈,且产生较大明火。如图5-13(01~24)所示。

(01)0s

(02)0.1s

(03)0.2s

(04)0.3s

(05)0.4s

(06)0.5s

图 5-13

5 试验研究

(07) 0.6s   (08) 0.7s

(09) 0.8s   (10) 0.9s

(11) 1.0s   (12) 1.5s

(13) 2.0s   (14) 2.5s

图 5-13

图 5-13

(23)3.8s　　　　　　　　　　　　　　(24)3.9s

图 5-13　装置 1,氯酸钾与蔗糖的质量比 7∶3

从图 5-13 可以看出,当氯酸钾与蔗糖的质量比为 7∶3 时,采用装置 1 易于引燃,但该反应产生了明火,且持续时间仅为 4 s,表明该反应速度过快,无法用于火灾烟雾扩散模拟试验。

氯酸钾与蔗糖的质量比控制为 6∶4 时,置于装置 1 进行试验,药剂反应也比较剧烈,产生较大明火,表明该配合比同样不适用于火灾烟气模拟试验。限于篇幅,反应现象图不再示出。

3. 装置 2,氯酸钾与蔗糖质量比为 8∶2

将氯酸钾与蔗糖的质量比控制为 8∶2,置于装置 2 进行试验,反应剧烈,且产生较大明火。在有的实验中,8∶2 的配合比可以成功,且在蔗糖充分反应的前提下发烟量最大。

4. 装置 2,氯酸钾与蔗糖质量比为 7∶3

将氯酸钾与蔗糖的质量比控制为 7∶3,置于装置 2 进行试验,反应剧烈,且产生较大明火。该配合比引燃可靠性最高,但发烟持续时间较短。

5. 装置 2,氯酸钾与蔗糖质量比为 3∶1

将氯酸钾与蔗糖的质量比控制为 3∶1,置于装置 2 进行试验,该配合比引燃可靠性和发烟量均介于 3、4 两种配合比之间。该配合比的一次试验发烟过程如图 5-14(1~31)所示。

(1)0.5s　　　　　　　　　　　　　　(2)2.0s

图　5-14

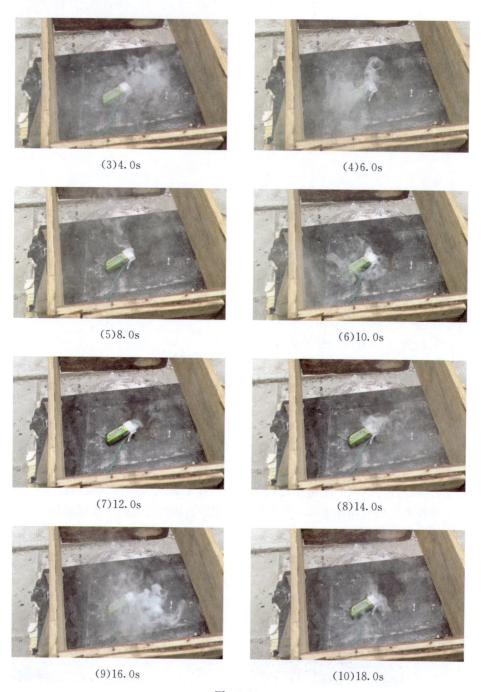

(3) 4.0s   (4) 6.0s

(5) 8.0s   (6) 10.0s

(7) 12.0s   (8) 14.0s

(9) 16.0s   (10) 18.0s

图 5-14

5 试验研究

(11) 20.0s　　　　　　　　(12) 22.0s

(13) 24.0s　　　　　　　　(14) 26.0s

(15) 28.0s　　　　　　　　(16) 30.0s

(17) 32.0s　　　　　　　　(18) 34.0s

图　5-14

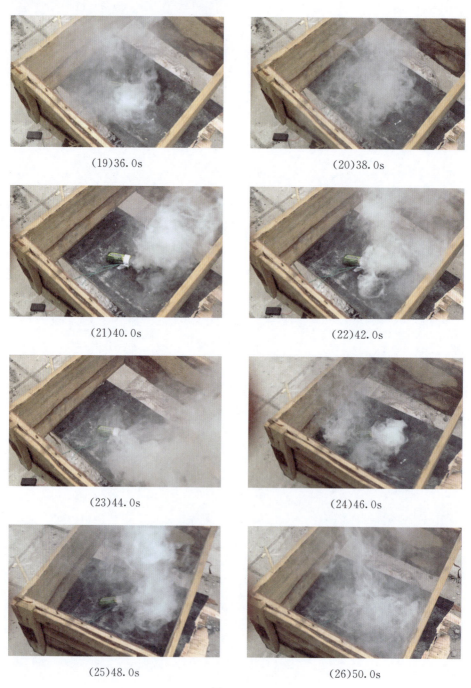

(19) 36.0s　　　　　　　　　(20) 38.0s

(21) 40.0s　　　　　　　　　(22) 42.0s

(23) 44.0s　　　　　　　　　(24) 46.0s

(25) 48.0s　　　　　　　　　(26) 50.0s

图 5-14

(27) 52.0s

(28) 54.0s

(29) 56.0s

(30) 58.0s

(31) 60.0s

图 5-14 装置 2,氯酸钾与蔗糖的质量比 3∶1

通过 3,4,5 三种配合比试验,发现利用装置 2,当配合比为 3∶1 或 7∶3 时可以产生较为稳定的烟雾,可以用于火灾烟气模拟试验,通过发烟剂用量的改变,可以模拟不同规模火灾烟雾产量的变化。

6. 装置 3,氯酸钾与蔗糖质量比为 3∶1

采用试验装置 3,点火成功率大为改观,电流的加大和持续加热的实现让点火成功率超过 90%。同时我们发现程度不大的明火对试验模型的损害不大,于是在正式试验中基本都采用了稳定性最高的 7.5∶2.5(3∶1)的配合比。

5.4 烟气扩散模拟试验

发烟装置经研制，已可成功应用于火灾烟气扩散过程的物理模拟。应予说明的是，本项目所研制的发烟装置只是用于产生模拟火灾烟雾，因发烟剂的化学反应过程释放大量的热量，该烟雾属于热烟雾，但由于发烟装置并不产生明火，这与实际火灾是有着本质区别的，因此在实际火灾中发生的烟气羽流等现象，在模拟试验中并不能观测到；另外，实际火灾烟雾中含有大量一氧化碳、氮氧化合物等气体，在本项目的模拟试验中也不能包含，因此试验中无法观测到实际火灾场景中的温度和一氧化碳浓度的空间分布现象。

5.4.1 起火点位置选择

地下空间结构火灾现象的发生，与空间的使用功能密切相关。在本项目研究中，麓湖地下空间广园中路以南的部分建设有商业和餐饮服务区，最西南部还建有大型公共地下停车场。商业区和餐饮区可能由于电气使用不当等原因引发火灾，而停车场则可能由于车辆自燃等原因而发生火灾。根据项目用地使用情况和功能分区，将该部分地下空间分为7个区，在每个区中分别选择1～3个火灾位置，而火源功率的大小则控制在20 MW以内，与该分区的使用面积及可能的火源有关，各模拟起火点位置如图6-15所示。

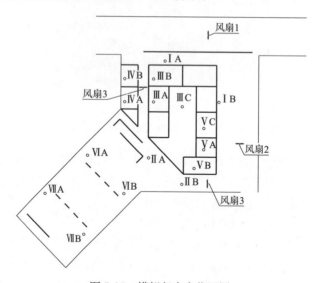

图 5-15　模拟起火点位置图

注：每层在相应位置布置1个发烟剂，下层在编号前加阿拉伯数字1，上层在编号前加阿拉伯数字2。

5.4.2 发烟剂用量计算

模型试验发烟剂用量按日本 2001 年修订建筑物楼层检验计算中给出的室内火灾烟量(m^3/min)和有效排烟量计算公式进行计算。

$$V_s = 9[(\alpha_f + \alpha_m)A_{room}]^{1/3}[H_{low}^{5/3} + (H_{low} - H_{room} + 1.8)^{5/3}] \quad (5\text{-}3)$$

式中 α_f——火灾成长率参数(MJ/m^2),按照每平方米可燃物热释放量 α_1 及火灾荷载值 q_t 由下式算出数值:

$$\alpha_f = \begin{cases} 0.125 & \alpha_1 \leqslant 170 \\ 2.6 \times 10^{-6} q_t^{5/3} & \alpha_1 > 170 \end{cases} \quad (5\text{-}4)$$

火灾火源功率按小汽车火灾,最大为 5 MW 计算,当火灾引起最多达 4 辆汽车燃烧时,为 20 MW,即火灾荷载值 $q_t = 20$ MW;本项目由于 $\alpha_1 \leqslant 170$,故 $\alpha_f = 0.125$。

火灾成长率参数 α_m 值取决于室内装修物种类,当属于不燃性材料时,$\alpha_m = 0.0035$。

H_{low} 为火灾场所地面最低位置算起的天花板平均高度,单位为 m;对本项目地下二层 $H_{low} = 4$ m,地下一层 $H_{low} = 5.5$ m。

H_{room} 为火灾场所地面最高位置算起的天花板平均高度,单位为 m;对本项目地下二层 $H_{low} = 4$ m,地下一层 $H_{low} = 5.5$ m。

由于所考虑火灾场所地面及天花板均为平面,则 $H_{low} = H_{room}$。

A_{room} 为火灾房间的地板面积,单位为 m^2,实际工程各分区面积为:

Ⅰ区:$A_{room} = 5\ 679\ m^2$;Ⅱ区:$A_{room} = 7\ 901\ m^2$;Ⅲ区:$A_{room} = 960\ m^2$;Ⅳ区:$A_{room} = 500\ m^2$;Ⅴ区:$A_{room} = 746\ m^2$;Ⅵ区和Ⅷ区:$A_{room} = 11\ 635.8\ m^2$。

经计算,设发烟剂反应时间为 20 s,则可以确定所需要产生的烟量。本试验所用发烟剂的化学反应方程式为:

$$8KClO_3 + C_{12}H_{22}H_2O = 8KCl + 12CO_2\uparrow + 12H_2O \quad (5\text{-}5)$$

氯酸钾的分子量为:$39+35+16\times3=122$;

蔗糖分子量:$12\times12+22\times1+2\times1+16=184$;

二氧化碳分子量:44。

由于本发烟剂氯酸钾与蔗糖的质量比约为 1∶3,因此,氯酸钾将反应完全,二氧化碳的产量仅与氯酸钾的用量有关,且每摩尔(22.4 L)二氧化碳需氯酸钾 $8\times122=976(g)$。根据以上计算原理,在模型试验中所需发烟剂的质量见表 5-1。

表 5-1 发烟剂用量计算表

地下一层							
分区名称 参数	I	II	III	IV	V	VI	VII
α_f	0.125	0.125	0.125	0.125	0.125	0.125	0.125
α_m	0.005 5	0.005 5	0.005 5	0.005 5	0.005 5	0.005 5	0.005 5
H_{low}	5.5	5.5	5.5	5.5	5.5	5.5	5.5
H_{room}	5.5	5.5	5.5	5.5	5.5	5.5	5.5
A_{room}	5 679	7 901	960	500	746	11 635.8	11 635.8
$V_s(m^3/min)$	1 604.4	1 791.1	887.1	713.7	815.6	2 037.7	2 037.7
换算到模型	0.009 5	0.010 6	0.005 3	0.004 2	0.004 8	0.012 1	0.012 1
反应时间 40 s 总的烟量(L)	6.338	7.076	3.505	2.820	3.222	8.050	8.050
所需要氯酸钾 质量(g)	4.36	4.87	2.41	1.94	2.22	5.54	5.54
地下二层							
分区名称 参数	I	II	III	IV	V	VI	VII
α_f	0.125	0.125	0.125	0.125	0.125	0.125	0.125
α_m	0.003 5	0.003 5	0.003 5	0.003 5	0.003 5	0.003 5	0.003 5
H_{low}	4.0	4.0	4.0	4.0	4.0	4.0	4.0
H_{room}	4.0	4.0	4.0	4.0	4.0	4.0	4.0
A_{room}	5 679	7 901	960	500	746	11 635.8	11 635.8
$V_s(m^3/min)$	1 032.5	1 152.6	570.9	459.3	524.9	1 311.4	1 311.4
换算到模型	0.006 1	0.006 8	0.003 4	0.002 7	0.003 1	0.007 8	0.007 8
反应时间 40 s 总的烟量(L)	4.079	4.554	2.255	1.815	2.074	5.181	5.181
所需要氯酸钾 质量(g)	2.81	3.13	1.55	1.25	1.43	3.57	3.57

5.4.3 各分区试验结果

1. 1ⅦB 试验结果

1ⅦB 分区在整个麓湖地下空间中的平面位置如图 5-15 所示。在麓湖地下空间原型结构中,1ⅦB分区处于广园中路以南部分的地下二层,试验模拟机动车自燃火灾产生的烟气扩散过程。

试验中采用PM2.5与PM10检测仪监测烟雾颗粒物浓度变化,检测仪位置布置于商业区的出口附近,以评估火灾烟雾对人员逃生的影响,如图5-16所示。点火后烟雾扩散范围随时间变化趋势图如图5-17(1～25)所示。

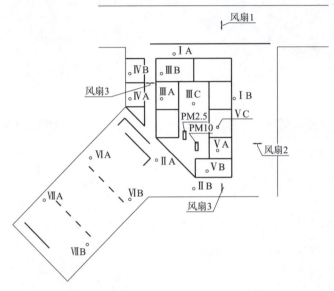

图5-16　1ⅦB分区颗粒物浓度检测仪位置示意图

(1) 0.0s

图 5-17

(2) 1.0s

(3) 2.0s

(4) 3.0s

图 5-17

(5) 4.0s

(6) 5.0s

(7) 6.0s

图 5-17

(8) 7.0s

(9) 8.0s

(10) 9.0s

图 5-17

(11) 14.0s

(12) 19.0s

(13) 24.0s

图 5-17

(14) 29.0s

(15) 34.0s

(16) 39.0s

图 5-17

(17) 44.0s

(18) 45.0s

(19) 55.0s

图 5-17

(20) 65.0s

(21) 75.0s

(22) 85.0s

图 5-17

(23)90.0s

(24)95.0s

图 5-17 1ⅧB 分区烟雾扩散范围变化图

从图 5-17 可以看出，发烟剂引燃后 20 s，烟雾充满停车场大部分区域，启动风扇 1、2、3、4 进行排风，其中 2、3 两处风向朝向出口，起火位置烟雾浓度在 45 s 后达到最大值，后逐渐减小。整个扩散过程中少量烟雾进入商业区大厅和管理配电用房所在区域，基本未侵入东部、西部环形车道及广园中路隧道。表明采用的排烟方案是合理的，可以最大限度地减轻对地下空间其余区域的影响。

从图 5-18 1ⅧB 分区，PM10 与 PM2.5 浓度变化曲线可以看出，商业区大厅出入口附近颗粒物浓度在起火 2 min 后达到峰值，PM10 与 PM2.5 分别达到 0.368 mg/m^3 和 0.178 mg/m^3。

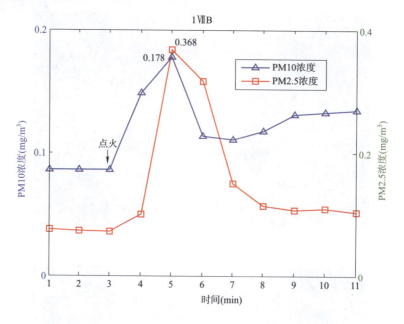

图 5-18　1ⅦB 分区,PM10 与 PM2.5 浓度变化曲线

2. 1ⅦB 试验结果

1ⅦB 分区亦位于麓湖地下空间最南端的地下二层,在整个麓湖地下空间中的平面位置如图 5-15 所示。本试验模拟 1ⅦB 点小汽车自燃起火后烟雾扩散范围随时间变化的过程,烟雾颗粒物浓度监测仪仍置于商业区大厅。试验结果如图 5-19(1～23)所示。

(1)0.0s

图　5-19

5 试验研究

(2) 1.0s

(3) 2.0s

(4) 3.0s

图 5-19

(5) 4.0s

(6) 5.0s

(7) 10.0s

图 5-19

(8) 15.0s

(9) 20.0s

(10) 25.0s

图 5-19

(11) 30.0s

(12) 35.0s

(13) 40.0s

图 5-19

(14) 45.0s

(15) 55.0s

(16) 65.0s

图 5-19

(17) 75.0s

(18) 85.0s

(19) 95.0s

图 5-19

(20) 115.0s

(21) 135.0s

(22) 155.0s

图 5-19

(23)175.0s

图 5-19 1ⅥB 分区烟雾扩散范围

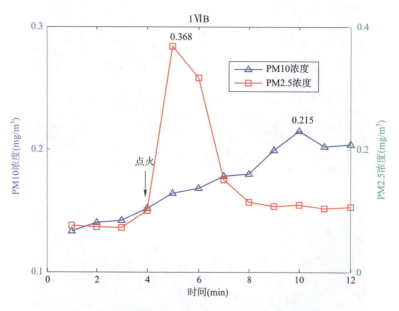

图 5-20 1ⅥB 分区，PM2.5 与 PM10 浓度变化曲线

从图 5-19 可以看出，发烟剂引燃后 30s，烟雾充满停车场大部分区域，启动风扇 1、2、3、4 进行排风，其中 4 号风扇风向指向广园中路隧道，2、3 两处风向朝向出口，起火位置烟雾浓度在 45s 后达到最大值，后逐渐减小。整个扩散过程中少量烟雾进入商业区大厅和管理配电用房所在区域，基本未侵入东部、西部环形车道及广园中路隧道。表明采用的排烟方案是合理的。

从图 5-20 可以看出，表征烟气浓度的 PM2.5 和 PM10 颗粒物浓度随实验时间呈现出先增大后降低的趋势。在实验开始后的 4 min 之前,测点处两种烟气颗粒物浓度均只有缓慢的增长,但到了第 4 分钟,由于烟气扩散到了测点处,PM2.5 浓度迅速增大,到第 5 分钟时达到了实验过程中的极值。此后,经过机械排烟,烟气颗粒物的浓度随时间的推移逐渐呈下降趋势。图中两种颗粒物浓度到达极值点时间不同,是由于采样点的位置不同,烟气扩散规律也不尽相同造成的。

3. 1ⅦA 试验结果

1ⅦA 分区位于麓湖地下空间最南端的地下二层,在整个麓湖地下空间中的平面位置如图 5-15 所示。本试验模拟小汽车自燃起火后烟雾扩散范围随时间变化的过程,试验结果如图 5-21(1～14)所示。

(1) 0.0s

(2) 1.0s

图 5-21

(3) 2.0s

(4) 3.0s

(5) 4.0s

图 5-21

(6) 9.0s

(7) 14.0s

(8) 24.0s

图 5-21

(9) 34.0s

(10) 44.0s

(11) 54.0s

图 5-21

(12) 64.0s

(13) 74.0s

(14) 84.0s

图 5-21 1ⅦA 分区烟气扩散过程图

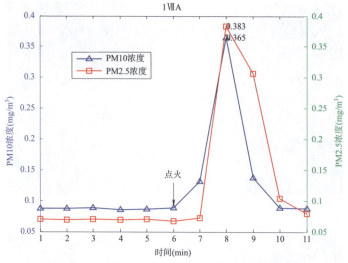

图 5-22　1ⅦA 分区 PM2.5 与 PM10 浓度变化曲线

从图 5-21 可以看出,发烟剂引燃后 30 s,烟雾充满停车场大部分区域,启动风扇 1、2、3、4 进行排风,其中 1 号风扇风向指向广园中路隧道出口,4 号风扇风向指向广园中路隧道,2、3 两处风向朝向出口,起火位置烟雾浓度在 45 s 后达到最大值,后逐渐减小。整个扩散过程中少量烟雾进入商业区大厅和管理配电用房所在区域,基本未侵入东部、西部环形车道及广园中路隧道。表明采用的排烟方案是合理的。

图 5-22 表明,根据设定的排烟方案,起火后 6 min 时间内,1ⅦA 分区烟雾浓度没有显著改变,烟雾还没有扩散到此区分区;第 8 分钟,该分区的烟雾浓度到达了峰值。经过两分钟排烟,烟雾浓度基本恢复到了正常状态。

4. 1ⅥA 试验结果

1ⅥA 起火点与 1ⅦA、1ⅦB 火点同属麓湖地下空间中广园中路以南部分地下停车场,与 1ⅦA 火点相比,在位置上更靠近环形车道,1ⅥA 火点在模型中的平面位置如图 5-15 所示,点火后随时间推移,烟气在模型中扩散过程如图 5-23(1～21)所示。

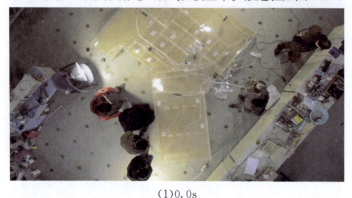

(1) 0.0s

图　5-23

(2) 1.0s

(3) 2.0s

(4) 3.0s

图 5-23

(5) 4.0s

(6) 5.0s

(7) 10.0s

图 5-23

(8) 15.0s

(9) 20.0s

(10) 25.0s

图 5-23

(11) 30.0s

(12) 35.0s

(13) 40.0s

图 5-23

(14) 45.0s

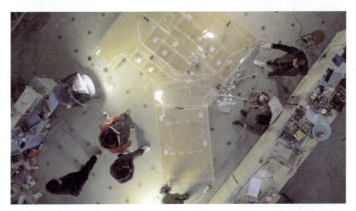

(15) 50.0s

(16) 55.0s

图 5-23

(17) 60.0s

(18) 70.0s

(19) 80.0s

图 5-23

(20)90.0s

(21)100.0s

图 5-23　1ⅥA 分区烟雾扩散范围

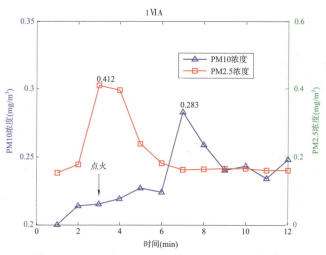

图 5-24　1ⅥA 分区,PM2.5 与 PM10 浓度变化曲线

1ⅦA 火点烟气排放仍采用与 1ⅧA 和 1ⅧB 相同的方案,从图 5-23 可以看出,1ⅦA 火点起火后 50 s,烟雾扩散至充满整个停车场区域,且向中部商业区大厅扩散。由图 5-24 可以看出,PM10 与 PM2.5 浓度分别达到 0.412 mg/m³ 和 0.283 mg/m³,高于 1ⅧA 火点的最大值 0.383 mg/m³ 和 0.365 mg/m³;可见排风方案和排风速度不能达到理想效果,揭示实际工程设计中,对 1ⅦA 火点的消防排烟设计需要进行细心设计,宜通过数值模拟和进一步的模型试验,优选排烟方案,最小化火灾条件下烟气扩散范围,减轻灾害影响。

5.1ⅤC 试验结果

1ⅤC 火点在麓湖地下空间模型中位于中部商业区大厅东侧,代表一家商铺的火灾。试验过程中粉尘仪仍置于商业区大厅出入口附近,如图 5-25 所示。1ⅤC 火点烟气扩散过程如图 5-25(1~18)所示。

(1)0.0s

(2)1.0s

图 5-25

(3) 2.0s

(4) 3.0s

(5) 4.0s

图 5-25

(6) 5.0s

(7) 15.0s

(8) 25.0s

图 5-25

(9) 35.0s

(10) 45.0s

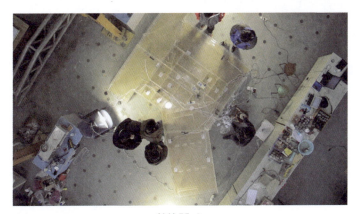
(11) 55.0s

图 5-25

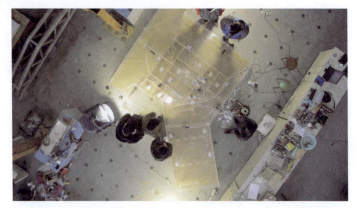

(12) 65.0s

(13) 75.0s

(14) 85.0s

图 5-25

(15) 95.0s

(16) 105.0s

(17) 115.0s

图 5-25

(18)125.0s

图 5-25　ⅠVC 分区烟雾扩散范围变化图

5.4.4　试验结果分析

通过模型试验,本书研究了麓湖地下空间结构在部分火灾场景条件下烟气的扩散范围和扩散过程,获得了不同分区起火后烟气流动蔓延的规律,可为实际工程火灾防控设计提供参考。初步试验结果表明,在当前的火灾防排烟设备布置与运行逻辑条件下,可以基本保证烟气不会大量扩散到邻近区域,可为人员逃生与火灾的扑救提供保证。但限于试验条件,尚不能确定各区域的疏散楼梯间在火灾通风条件下能否保持正压。

《建筑设计防火规范》规定,地下商场每个防火分区的建筑面积不能超过 2 000 m^2;设置自动喷淋系统时也不得超过 4 000 m^2。在麓湖地下空间项目中,部分区域的面积超过了上述限值,但从模拟火灾工况下烟气扩散的效果来看,各分区火灾条件下,烟气基本被控制在相应范围,尚未对邻近分区产生较大影响。因此从性能化防火设计的观点来看,规范中上述分区的限制条件,经试验验证,在一定条件下可以适当增加。

6 火灾风险空间分布研究

6.1 火灾风险的定义

随着人类科学技术的进步,工程建设的规模越来越大,工程技术也越来越复杂。在地下综合体建筑工程中,地下综合体建筑的体量越来越大,埋深也越来越深,为保证工程建设的成功,工程师必须认识和避免工程在其生命周期中潜在可能的失败。风险分析就是研究处理复杂的工程系统,辨识其中存在的各种风险,分析这些风险出现的可能性及风险造成损失的大小,提出控制风险的相关措施,以减少事故发生时的损失。

根据工程风险的定义,若存在与预期利益相悖的损失或不利后果(即潜在损失),或由各种不确定性造成对工程建设参与各方的损失,均称为工程风险。一般而言,在地下综合体建筑工程建设、运营过程中,工程风险 R 可表示为在工程设计和施工期间发生经济损失、人员伤亡、环境破坏或工期延误等潜在不利事件的概率 p 与可能后果 c 的集合,表达式为:$R = f(p, c)$。具体到地下综合体建筑的火灾风险,则风险定义中的不利事件即火灾事故,不利事件的概率即火灾事件的概率,可能的后果即火灾事件可能造成的生命与财产损失。

6.2 火灾风险评估的基本原则

6.2.1 风险评估的基本原则

分类原则:地下综合体建筑根据自身工程特性的不同及所面临风险问题的不同,其风险分析过程与方法也存在很大差异,因此在进行地下综合体火灾风险评估时,需要针对地下综合体建筑的建筑与装修材料、设计方案、使用目的、消防设计方案、人员疏散方案等,确定工程不同防火分区的火灾风险评估对象、目的及方法。

分阶段原则:根据我国基本建设程序,地下综合体建筑工程一般需要经过初步设计和施工图设计两个设计阶段,在建成并投入使用后,即进入运营阶段。随着工程阶段的发展,火灾风险也在动态变化,相应各项风险的发生概率、损失以及对于整个工程风险的权重都在不断变化,因此开展地下综合体火灾风险评估工作应与相应的建设阶段紧密结合,分阶段开展风险评估。

地下综合体建筑火灾风险评估的基本原则:

(1)根据工程性质与特点,确定火灾风险评估的依据,保证评估的合理性。

(2)根据评估阶段的不同,应明确评估对象与目的,选择合理的评价方法,以实现评估的科学性。

(3)对评估对象要有全面认识,同时对重点风险源应有针对性重点评估,确保评估的针对性。

6.2.2 火灾风险控制的基本原则

火灾风险控制的基本原则:

(1)火灾风险控制措施的建立应遵循经济合理、可靠适用的原则。

(2)火灾风险控制的风险是可接受风险或可接受与不可接受之间的风险。

(3)火灾风险控制的目的是降低或减少工程风险,风险控制措施不应诱发新的火灾风险,且措施实施后残留风险应不大于初始风险。

6.3 火灾风险评估与控制基本流程

城市地下综合体建筑火灾安全风险评估与工程的初步设计阶段相结合,本工程目前正处于初步设计阶段,应根据初步设计阶段的特点、任务和目的,开展风险评估与控制工作。

城市地下综合体建筑火灾风险评估,包括火灾风险辨识、风险分析和风险评价,是对城市地下综合体建筑设计方案中存在的各种火灾风险及其影响程度进行综合分析、对比排序的过程。而风险辨识主要包括风险识别和风险筛选。风险识别是指调查和了解潜在的以及客观存在的各种风险;风险筛选是对评估对象已识别的所有风险因素进行二次分析,并根据其发生概率及可能造成的后果,对不构成系统安全风险影响的因素予以剔除。

火灾风险辨识过程可分为 6 个步骤:火灾风险定义、确定参与者、收集相关资料、风险识别、风险筛选、做出火灾风险识别报告。

在工程风险识别过程中,常用的风险识别方法有:专家调查法(德尔菲法)、检查表法、头脑风暴法、情景分析法、风险讨论会等。对一般城市地下综合体建筑工程的火灾风险宜采用检查表法,对建筑面积特别庞大的或有其他特殊情况的宜采用专家调查法。

6.4 火灾风险分析方法

城市地下综合体建筑火灾风险分析方法可分为三大类:定性分析、定量分析和半定性半定量分析。

6.4.1 定性分析

定性的风险分析是借助于对火灾事件的经验、知识和观察,以及对事物发展变化规律的了解,科学地进行分析、判断的一类方法,运用这类方法,可以找出工程中存在的危险和有害的因素,进一步根据这些因素,从技术、管理、教育上提出对策措施,加以控制,达到安全的目的。定性的风险分析不对风险进行量化处理,只用于对事故的可能性等级和后果的严重程度等级进行相对的比较。定性分析方法的优点是简单直观,容易掌握;缺点是分析结果难以量化,很大程度上取决于评价人员的经验,带有很强的主观性,往往需要凭借直觉,或者业界的标准和惯例,为风险管理诸要素(风险事故发生的可能性,现有应对策略的效力等)的大小或者高低程度定性分级,例如"高"、"中"、"低"三级。定性分析方法主要回答"有没有"、"是不是"方面的问题,具体采取的方法有小组讨论、检查列表、问卷法、人员访谈法、专家调查法等,该方法实际操作相对容易,但也可能因为操作者的经验和直觉的偏差而使分析结果失准。

6.4.2 定量分析

定量分析方法的思想是对构成火灾风险的各个要素和潜在损失的水平赋予数值或货币金额,当度量风险的所有要素都被赋值,风险评估的整个过程和结果就都可以被量化了。

定量的风险分析方法主要包括层次分析法(Analytic Hierarchy Process, AHP)、蒙特卡罗法(Monte Carlo Method)、聚类分析法(Clustering Method)和等风险图法。

层次分析法具有适用、简洁、实用和系统的特点,但是得出的结果是粗略的方案排序,对于那种有较高定量要求的决策问题,单纯应用 AHP 是不适合的。在 AHP 的使用过程中,无论建立层次结构还是构造判断矩阵,人的主观判断、选择、偏好对结果的影响极大,判断失误即可能造成决策失误。这就使得用 AHP 进行决策主观成分很大。从应用范围上看,AHP 应用领域比较广阔,可以分析社会、经济以及科学管理领域中的问题,适用于任何领域的任何环节,但不适用于层次复杂的系统。

蒙特卡罗法(Monte Carlo Method)的优点是能够用于包括随机变量在内的任何计算类型,其考虑的变量数目不受限制,用于计算的随机变量可以根据具体数据采用任何分布形式,可以更有效地发挥专家的作用,因为关于每一随机变量的分布的判断可由对参数最熟悉的专家来做出。虽然具有这么多优点,但蒙特卡罗法能够在实际中采用的模拟系统非常复杂,建立模型很困难,在分析过程中,必须是群体智慧。众多的不确定性因素均必须给出数量化的概率分布,在实际操作中有困难,此外蒙特卡罗法没有计入风险因素之间的相互影响,使得风险估计结果可能偏小。从适用范围来看,该方法比较适合在大中型项目中应用;可以解决许多复杂的概率运算问题,以及适合于不允许进行真实试验的场合;对于那些费用高的项目或费时长的试验,具有很好的优越性;一般只在进行较精细的系统分析时才使用,它适用于问题比较复杂,要求精度较高的场合,特别是对少数可行方案实行精选比较时更为必要。

　　风险评价的过程,其实质就是将人类对风险事件发生的概率和风险事件的严重程度归结为不同等级的过程。聚类分析则是根据人们对影响一个系统的输出结果的因素,即指标进行分析,得出这些影响指标对不同类别的隶属度,再根据这些指标对系统输出影响的大小,来判定系统输出属于某一类别的评价方法。在初步设计阶段对隧道工程进行安全风险评估时,由于掌握的信息并不充分,隧道工程的风险属于一种贫信息系统,可采用灰色系统理论中灰色聚类法(Grey Clustering Method)进行分析,将聚类对象的不同的聚类指标所拥有的白化数,按几个灰类进行归纳整理,从而判断出聚类对象的所属类别。隧道工程风险评价中应用灰色聚类评价法,可根据隧道所处的自然、地质条件和隧道设计方案的优劣,较为客观地量化分析风险事件的概率和损失等级,分析结果具有较好的稳定性。

　　等风险图法的优点是方便直观、简单有效,对任何一个具体项目,只要得到其风险发生概率和风险后果,就可直接得到其风险系数。其缺点是该方法需要得到风险发生概率和风险后果两个变量值,而这两个值在实际操作中不易得到,需要借助其他分析方法,因此,也含有其他分析方法的缺点。同时,根据等风险图只能确定风险系数位于哪一个区间内,如果想得到具体数值,还需要进行计算。等风险图法适用于对结果要求精度不高,只需要进行粗略分析的项目。同时,如果只进行一个项目一个方案分析,该方法相对繁琐,所以该方法适用于多个类似项目同时分析或一个项目的多个方案比较分析时使用。

　　定量分析方法有两个指标最为关键,一个是事件发生的可能性,一个是威胁事件可能引起的损失。理论上讲,通过定量分析可以对安全风险进行准确分级,但这有个前提,那就是可供参考的数据指标是准确的,可事实上,在工程实际中,定量分析所依据的数据的可靠性是很难保证的,再加上数据统计缺乏长期性,计算过程又极易出错,这就给分析的细化带来了很大困难。所以,目前工程实际应用中,风险分析采用定量分析或者纯定量分析的方法还是有较大的难度,通常采用一些半定量的方法进行分析。

6.4.3 半定量分析

半定量的分析方法通常包括事故树法、事件树法和风险评价矩阵法。事故树法(Fault Tree Analysis,FTA)能对导致灾害事故的各种因素及逻辑关系做出全面、简洁和形象的描述,便于查明系统内固有的或潜在的各种危险因素,为设计、施工和管理提供科学依据,还便于进行逻辑运算,进行定性、定量分析和评价,但FTA法步骤较多,计算较复杂,目前在国内外数据较少,进行定量分析还需要做大量的工作,此外用FTA法编制的大型故障树不易理解,且与系统流程图毫无相似之点,同时在数学上往往非单一解,包含复杂的逻辑关系,在用于大系统时容易产生遗漏和错误。FTA法应用比较广,非常适合于重复性较大的系统。在工程设计阶段对事故查询时,都可以使用FTA对它们的安全性作出评价,经常用于直接经验较少的风险辨识。

事件树法(Event Tree Analysis,ETA)是一种图解形式,层次清楚、阶段明显,可进行多阶段、多因素复杂事件动态发展过程的分析,预测事故发展趋势。事件树分析法可以定性、定量的辨识初始事件发展为事故的各种过程及后果,并分析其严重程度。根据事件树图可在各发展阶段采取有效措施,使之向成功方向发展。总的来看,目前在国内外数据较少,进行定量分析还需做大量的工作,而且当用于大系统时,容易产生遗漏。在事故产生的后果分析中,事件树法不能分析平行产生的后果,不能进行详细分析,在事件树上不允许讨论条件独立关系,往往事件树的大小随着问题中变量个数呈指数增长,这些缺点都限制了事件树法的应用。目前ETA法可以用来分析系统故障、设备失效、工艺异常、人的失误等,应用比较广泛,但由于ETA法不能分析平行产生的后果,不适用于详细分析。

在半定量的分析方法中,风险评价矩阵法的优点是根据系统层次按次序揭示系统、分系统和设备中的危险,做到不漏任何一项,并按风险的可能性和严重性分类,以便分别按轻重缓急采取安全措施。与其他方法比较,具有更广泛的用途,更适合现场作业,可以进行定性和定量分析。其缺点是主观性比较强,如果经验不足,会对分析带来麻烦,另外风险严重等级及风险发生频率是研究者自行确定的,存在较大的主观误差。从适用范围上来看,风险评价矩阵法可根据使用的需求对风险等级划分进行修改,使其适用不同的分析系统,但要有一定的工程经验和数据资料作依据。其既可适用于整个系统,又可以适用于系统中某一环节。

根据以上对风险评估方法种类的分析,城市地下综合体建筑工程火灾风险的分析过程与工程建设的阶段有关,在可行性研究阶段和初步设计阶段,可用的数据有限,通常可采用采用专家调查法(Delphi法)和检查表法,结合历史数据和专家评判,运用定性、定量相结合的方法,对风险事件进行识别、排序、量化、分析和评估。

6.5 分级标准及风险评价矩阵

一般来说,风险可表征为风险事故发生的概率和事故损失的乘积。根据城市地下综合体建筑工程的实际情况,可以给出火灾风险事故概率和损失(人员伤亡、经济损失、工期延误、环境破坏)的等级评定标准,并在最后给出针对火灾风险事故的等级划分标准(表 6-1~表 6-5)。

表 6-1 风险发生概率等级判断标准

等级	定量判断标准	中 值	定性判断标准
1	$P_f < 0.0003$	0.0001	几乎不可能发生
2	$0.0003 \leqslant P_f < 0.003$	0.001	很少发生
3	$0.003 \leqslant P_f < 0.03$	0.01	偶然发生
4	$0.03 \leqslant P_f < 0.3$	0.1	可能发生
5	$P_f \geqslant 0.3$	1	频繁发生

表 6-2 人员伤亡等级标准的定量描述

等级	定 义
1	重伤≤5 人
2	人员死亡(含失踪)≤3 人 或 5 人<重伤人数≤10 人
3	3 人<人员死亡(含失踪)≤10 人 或 10 人<重伤人数≤50 人
4	10 人<人员死亡(含失踪)≤30 人 或 50 人<重伤人数≤100 人
5	人员死亡(含失踪)>30 人 或 重伤人数>100 人

表 6-3 经济损失等级标准的定量描述

等级	定 义
1	经济损失 ≤500 万元
2	500 万元<经济损失≤1 000 万元

续上表

等级	定　义
3	1 000 万元＜经济损失≤5 000 万元
4	5 000 万元＜经济损失≤10 000 万元
5	经济损失＞10 000 万元

表 6-4　工期延误等级标准的定量描述

等级	定　义
1	工期延误≤1 个月(工期超过 2 年)或工期延误≤10 天(工期少于 2 年)
2	1 个月＜工期延误≤3 个月(工期超过 2 年)或 10 天＜工期延误≤30 天(工期少于 2 年)
3	3 个月＜工期延误≤6 个月(工期超过 2 年)或 30 天＜工期延误≤60 天(工期少于 2 年)
4	6 个月＜工期延误≤12 个月(工期超过 2 年)或 60 天＜工期延误≤90 天(工期少于 2 年)
5	工期延误＞12 个月(工期超过 2 年)工期延误＞90 天(工期少于 2 年)

表 6-5　环境破坏等级标准的定量描述

等级	定　义
1	涉及范围很小,无群体性影响,需紧急转移安置人数≤50
2	涉及范围较小,一般群体性影响,50＜需紧急转移安置人数≤100
3	涉及范围大,区域正常经济、社会活动受影响,100＜需紧急转移安置人数≤500
4	涉及范围很大,区域生态功能部分丧失,500＜需紧急转移安置人数≤1 000
5	涉及范围非常大,区域内周边生态功能严重丧失,需紧急转移安置人数＞1 000,正常的经济、社会活动受到严重影响

根据不同的风险概率等级和风险损失等级,可建立风险分级评价矩阵。详见表 6-6。

表 6-6　风险分级评价矩阵

风险损失	风险概率				
	1	2	3	4	5
1	Ⅰ	Ⅰ	Ⅱ	Ⅱ	Ⅲ
2	Ⅰ	Ⅱ	Ⅱ	Ⅲ	Ⅲ
3	Ⅱ	Ⅱ	Ⅲ	Ⅲ	Ⅳ
4	Ⅱ	Ⅲ	Ⅲ	Ⅳ	Ⅳ
5	Ⅲ	Ⅲ	Ⅳ	Ⅳ	Ⅳ

不同等级的风险需采用不同的风险控制对策与处置措施,结合风险评价矩阵,不同等级风险的接受准则和相应的控制对策见表 6-7。

表 6-7 风险等级控制对策

风险等级	定 义
Ⅰ	极低风险,风险可以接受,不经评审即可接受
Ⅱ	中风险,风险有条件接受,实施预防措施将提升安全性
Ⅲ	高风险,风险有条件接受,应尽快实施消减风险的预防措施
Ⅳ	极高风险,不可接受,放弃项目执行

6.6 火灾风险评估步骤

城市地下综合体建筑工程火灾风险评估的技术路线为:
(1)充分了解所需要研究的工程情况,收集资料,包括项目背景、设计资料、气象资料、地质资料、工程已有的研究报告等。
(2)研究资料,查看现场,并分别评价层次单元和研究专题。
(3)各评价单元的可能发生的火灾风险事故进行分类识别。
(4)对各火灾风险事故的原因、发生工况、损失后果进行分析。
(5)用定性与部分定量的评价方法对火灾风险事故进行评价。
(6)各火灾风险事件的风险水平进行评价。
(7)汇总城市地下综合体建筑工程的总体火灾风险评价。
(8)结论和建议。
城市地下综合体建筑工程火灾风险分析和控制方案研究的基本流程如图 6-1 所示。

6.7 灰色聚类法在火灾风险评估中的应用

火灾风险的评估过程需要用到大量具体的信息和数据,如城市地下综合体建筑的面积、出入口的设置、正常通风及火灾条件下排烟方案的设计、喷淋设施方案设计、建筑与装修材料的使用、地下综合体建筑的使用类型、人流量大小、中控系统的可靠性等。可采用灰色聚类评价法对地下综合体建筑火灾风险概率和火灾风险损失水平进行评估。

6 火灾风险空间分布研究

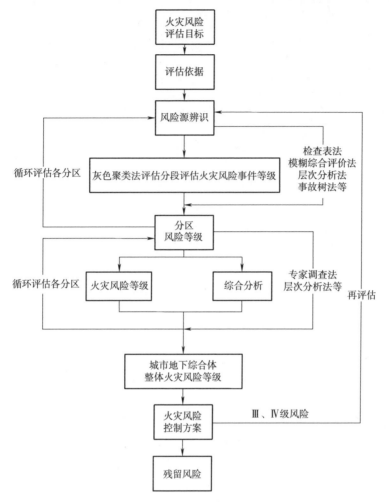

图 6-1　安全风险评估与控制流程

由于城市地下综合体建筑一般都分成若干个防火分区,对其中的每个分区,以该分区发生火灾的几个主要风险因素为聚类指标。各风险因素不同风险等级的白化权函数记为 f_j^k。将各个指标量化,并将其可能的取值范围分成 s 个区间,分别为:$[x_1,x_2]$,…,$[x_{k-1},x_k]$,…,$[x_{s-1},x_s]$,$[x_s,x_{s+1}]$。设 $f_k = (x_k+x_{k+1})/2$,令 $(f_k,1)$ 属于第 k 个灰类的白化权函数值为 1,连接 $(f_k,1)$ 与第 $k-1$ 个灰类的起点 x_{k-1} 和第 $k+1$ 个灰类的终点 x_{k+1},得到指标 j 关于 k 灰类的三角白化权函数 f_j^k,对 f_j^1 和 f_j^s,分别将指标 j 的取值范围向左、右延拓至 x_0 和 x_{s+2},如图 6-2 所示。

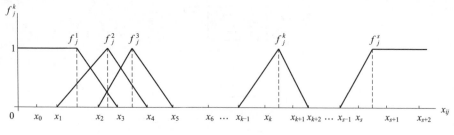

图 6-2　白化权函数

各灰类的白化权函数分别为：

$$f_j^1(x)=\begin{cases}1 & x<f_1\\ (x_3-x)/(x_3-f_1) & f_1\leqslant x\leqslant x_3\\ 0 & x>x_3\end{cases}$$

$$f_j^2(x)=\begin{cases}0 & x<x_1 \text{ 或 } x>x_4\\ (x-x_1)/(f_2-x_1) & x_1\leqslant x\leqslant f_2\\ (x_4-x)/(x_4-f_2) & f_2<x\leqslant x_4\end{cases}$$

$$f_j^3(x)=\begin{cases}0 & x<x_2 \text{ 或 } x>x_5\\ (x-x_2)/(f_3-x_2) & x_2\leqslant x\leqslant f_3\\ (x_5-x)/(x_5-f_3) & f_3<x\leqslant x_5\end{cases}$$

$$f_j^4(x)=\begin{cases}0 & x<x_3\\ (x-x_3)/(f_4-x_3) & x_3\leqslant x\leqslant f_4\\ 1 & x>f_4\end{cases}$$

根据对城市地下综合体建筑火灾风险事件特征的分析，可确定火灾风险的主要影响因素包括地下综合体建筑的使用功能、人流量大小、建筑与装修材料、火灾人员疏散方案、火灾条件下通风方案等主要因素有关。

在风险事件概率分析过程中选取聚类指标及风险评估分类标准见表 6-8 和表 6-9。

表 6-8　地下综合体建筑火灾分区风险评估分类标准

指标＼灰类	1	2	3	4	5
主要使用功能	交通、停车	一般零售业	餐饮分区	火灾荷载较大的批零业务或仓储	人员聚集的影音娱乐场所
人流量大小	200 人/h	500 人/h	1 000 人/h	1 500 人/h	2 000 人/h
建筑与装修材料	不燃	阻燃	难燃	可燃	易燃

续上表

指标\灰类	1	2	3	4	5
火灾人员疏散方案	合理	基本合理	尚属合理	基本不合理	不合理
火灾条件下通风方案	完全满足通风排烟要求100%	基本满足通风排烟要求70%	仅满足50%要求	仅满足30%要求	因故失效

表6-9 无量纲化评估分类标准

聚类指标\灰类	1	2	3	4	5
主要使用功能	0.400 0	0.600 0	0.800 0	1.000 0	1.200 0
人流量大小	0.216 2	0.540 5	0.864 9	1.081 1	1.297 3
建筑与装修材料	0.266 7	0.533 3	0.800 0	1.066 7	1.333 3
火灾人员疏散方案	0.266 7	0.533 3	0.800 0	1.066 7	1.333 3
火灾条件下通风方案	0.266 7	0.533 3	0.800 0	1.066 7	1.333 3

由 $\eta_j^k = \lambda_j^k / \sum_{i=1}^m \lambda_i^k$ 计算聚类权重,得出的各风险因素的权重值见表6-10。

表6-10 风险因素权重值

聚类指标\灰类	1	2	3	4	5
主要使用功能	0.237 7	0.183 3	0.164 4	0.157 5	0.153 2
人流量大小	0.128 5	0.165 1	0.177 8	0.170 3	0.165 7
建筑与装修材料	0.158 5	0.162 9	0.164 4	0.168 0	0.170 3
火灾人员疏散方案	0.158 5	0.162 9	0.164 4	0.168 0	0.170 3
火灾条件下通风方案	0.158 5	0.162 9	0.164 4	0.168 0	0.170 3

根据各地下综合体建筑火灾防控设计方案实际情况,对其各项风险指标进行量化并无量纲化,并根据各指标不同灰类的白化权函数值,计算出各加权聚类系数,即得不同隶属关系的聚类行向量,按照最大隶属关系可确定特定城市地下综合体火灾分区的火灾风险概率等级。

地下综合体火灾风险损失等级亦可通过聚类分析法得到,也可通过专家决策法(Delphi法)确定其火灾损失等级,据此查取风险矩阵表,即可确定某特定分区的火灾风险等级。

7 结 论

建筑工程性能化防火设计的目标是保证人员的生命安全,其设计思路和方法是保证人员疏散时间小于火灾发展到危险状态的时间。通过建筑物在火灾工况下的烟气扩散过程模拟,可以得出地下空间结构各使用空间危险源动态发展的过程化描述,尤其是可用安全疏散时间(ASET)参数,即从起火时刻到火灾对人员安全构成危险状态的时间。建筑火灾中人员的安全是由可用安全疏散时间(ASET)和必需安全疏散时间决定的。ASET 通常以烟气层高度、烟气层温度以及烟气浓度等指标作为判断标准。

本书以广州规划建设的麓湖地下空间结构为例,在城市地下综合体建筑防火设计领域进行了较为深入的探索和研究,取得了以下几方面的成果:

(1)本书以规划建设的麓湖地下空间项目为背景,通过模型试验和数值模拟,展开了城市地下综合体建筑物结构防火设计关键技术研究。由于麓湖地下空间的平面规模非常之大,但其竖向尺寸仅为地下 2 层,约为 9 m,根据模型试验的可操作性原则,模型设计时将平面尺寸缩小为实际对象的 1/75,而竖向尺寸则缩小为实际对象的 1/30,使每层的高度保持在 150 mm,以利于安放发烟剂。另外麓湖地下空间在广园中路南北两侧的部分具有近似的交通组织和通风方式,且受广园中路的分隔而具有相对独立性,因此模型设计中仅考虑了部分区域。

(2)在城市地下综合体建筑火灾模拟试验方面,本书通过大量的试错研究,成功研发了一种模拟火灾烟雾扩散过程的发烟剂,可用于同类目的的试验。发烟剂以氯酸钾和蔗糖为反应试剂,采用加热电路引燃,产生稳定、均匀的淡黄色烟雾,可以模拟火灾时烟雾的产生过程,可以为今后类似的试验提供参考。

(3)在麓湖地下空间的模型试验中,模拟了不同的火灾原因所产生的烟气扩散过程,并采用 PM2.5 与 PM10 检测仪监测烟雾颗粒物浓度变化,以评估火灾烟雾对人员逃生的影响。本书通过研究不同分区的火灾位置以及不同的排风方案,显示,整个扩散过程中仅少量烟雾进入商业区大厅和管理配电用房所在区域,而且基本没有侵入东部、西部环形车道和其他隧道,从而表明所采用的排烟方案是合理的,而且可以最大限度地减轻对地下空间其余区域的影响。

(4)本书以城市地下综合体建筑结构火灾风险与防护为主要研究目标,通过

7 结 论

模型试验,实现了对火灾中烟气扩散过程的物理模拟,该物理模拟试验过程中研制的发烟装置不需发生明火即可产生需要的烟雾,可应用于同类火灾烟气扩散过程的模拟试验,并为地下综合体建筑平、立面设计及防火设计提供指导。

(5)项目研究中设计和制作了麓湖地下空间结构的有机玻璃模型,并根据项目设计的风机布置方案进行了火灾条件下烟雾扩散过程的模拟试验,得出了在部分区域发生火灾时烟雾扩散过程的定量化模拟结果,可为今后实际工程深化设计中的消防排烟方案设计提供参考依据。

参 考 文 献

[1] 徐文强,刘芳,董龙洋,等.基于FDS的地下停车场火灾数值模拟分析[J].安全与环境工程,2012,19(1):73-76.

[2] 向鑫.轨道交通型地下综合体疏散空间设计研究[D].北京:北京工业大学,2012.

[3] 罗亮.地下综合体与地铁车站相结合的设计研究[D].广州:华南理工大学,2012.

[4] 张洋.城市地铁车站结构设计浅析[J].中国勘察设计,2011(4):51-53.

[5] 于丽娜.地下车库火灾烟气流动试验与模拟分析[D].西安:西安建筑科技大学,2011.

[6] 王孟思.论城市地下综合体工程及其发展[J].科技信息,2011(2):90.

[7] 李炎锋,王超,樊洪明.城市地下综合交通枢纽火灾控制研究[J].建筑科学,2011,27(1):39-44.

[8] 赵云海,陆海波,曾丹.淄博市柳泉路地下交通枢纽深基坑支护工程位移监测[J].城市勘测,2010(S1):130-136.

[9] 赵明桥.地下铁道火灾烟气分区控制及人员疏散模式研究[D].长沙:中南大学,2010.

[10] 张晋毅.中洞法开挖的地铁车站施工力学分析[J].地下空间与工程学报,2010,6(4):828-832.

[11] 徐惠民.茶亭街地下交通配套工程围护结构新技术应用综述[J].福建建设科技,2010(5):36-37,54.

[12] 谢华.地下商业街火灾风险评价[D].沈阳:沈阳航空工业学院,2010.

[13] 肖涛.PBA工法大跨地铁车站施工对邻近既有车站的综合影响分析[D].北京:北京交通大学,2010.

[14] 王伟,华高英,赵耀华,等.城市地下交通隧道实体通风测试与数值仿真[J].北京工业大学学报,2010,36(2):193-198.

[15] 王睿,杨大伟,张玉.西安市地下交通规划利用研究[J].黑龙江交通科技,2010,33(10):144,146.

[16] 刘晶波,王文晖,赵冬冬.地下结构横截面抗震设计分析方法综述[J].施工

技术,2010,39(6):91-95.

[17] 李炎锋,石勃伟,王超,等.城市地下轨道交通火灾风险评估体系模型研究——以某地铁车站为例[J].防灾减灾工程学报,2010,30(6):680-684.

[18] 李硕.地铁隧道下穿既有线地铁车站的施工技术[C]//城市轨道交通关键技术论坛暨第二十届地铁学术交流会论文集,2010:189-191,194.

[19] 李建旺.HPE工法在天津地下交通枢纽工程施工中的应用[J].市政技术,2010,28(4):92-94.

[20] 蒋清国.地铁枢纽后建车站施工对既有地铁的影响分析[J].山西建筑,2010,36(13):106-107.

[21] 华高英,王伟,赵耀华,等.地下交通联系隧道典型火灾场景的烟气控制研究[J].建筑科学,2010,26(8):92-97.

[22] 华高英,王伟,甘甜,等.北京市CBD地下交通联系隧道火灾烟气控制研究[J].暖通空调,2010,40(12):75-79.

[23] 侯林波,石健,白杨.地下工程施工方法与展望[J].北方交通,2010(8):62-64.

[24] 关永平,郭龙,李云龙,等.城市地铁开挖对相邻地下管线影响的数值分析[J].水利与建筑工程学报,2010,8(2):11-12,48.

[25] 杜文库,杨秀仁.从北京地铁建设论我国深基础及地下工程技术的发展[J].施工技术,2010,39(1):4-9,44.

[26] 常瑞杰.地铁车站施工工法的优化选择[J].都市快轨交通,2010,23(2):83-87.

[27] 蔡建鹏,黄茂松,钱建固,等.基坑开挖对邻近地下管线影响分析的DCFEM法[J].地下空间与工程学报,2010,6(1):120-124.

[28] 白乐乐.火灾时期地下矿人员逃逸可视化仿真方法研究[D].西安:西安建筑科技大学,2010.

[29] Vazouras P, Karamanos S A, Dakoulas P. Finite element analysis of buried steel pipelines under strike-slip fault displacements[J]. Soil Dynamics & Earthquake Engineering,2010,30(11):1361-1376.

[30] 赵菊梅.地铁及建筑群环绕中的城市地下交通枢纽基坑方案的设计与决策[J].建筑施工,2009,31(11):968-969.

[31] 张广新.地铁施工技术的发展及展望[J].黑龙江科技信息,2009(16):222.

[32] 伊兴芳,张春雷.城市地铁车站结构设计[J].甘肃科技,2009,25(2):123-125.

[33] 谢飞,楮新颖,薛奕.地下建筑购物中心火灾风险评估及人员疏散研究[J].

消防科学与技术,2009,28(3):163-166.

[34] 孙宇坤,吴为义,张土乔.既有埋地管道对盾构隧道周围地层沉降的影响分析[J].中国铁道科学,2009,30(3):63-67.

[35] 孙宇坤,吴为义,张土乔.软土地区盾构隧道穿越地下管线引起的管线沉降分析[J].中国铁道科学,2009,30(1):80-85.

[36] 马卉.垂直顺作法在地铁车站施工中的优势[J].广东建材,2009,25(6):128-130.

[37] 陆云涌.地铁工程施工技术综述[J].山西建筑,2009,35(28):129-130.

[38] 李鑫.地下式水电站火灾风险分析与评价初探[D].西安:西安建筑科技大学,2009.

[39] 李建峰,郑永伟,李彬,等.地铁车站施工方案优选决策模型[J].西安科技大学学报,2009,29(2):159-164.

[40] 李炳帆.城市中心区地铁枢纽型地下空间规划研究[D].西安:西南交通大学,2009.

[41] 韩凤岩.深圳福田地下火车站火灾预防及安全救援方案研究[D].长沙:中南大学,2009.

[42] 龚启昌,徐敏生.地下交通工程施工中冻结法的岩土工程问题[J].中国市政工程,2009(2):42-43,80.

[43] 高江.城市地铁车站施工方法选择研究[J].工程建设与设计,2009(9):128-131.

[44] 杜金龙,杨敏.深基坑开挖对邻近地埋管线影响分析[J].岩石力学与工程学报,2009,28(S1):3015-3020.

[45] 陈锐.超浅埋大跨暗挖地铁车站的施工技术[J].山西建筑,2009,35(34):148-149.

[46] 陈家伟,叶志明,陈玲俐.基于接触单元的埋地管线有限元抗震分析[J].上海大学学报(自然科学版),2009,15(3):306-309,315.

[47] 邹虎.长距离管线位移实时监测系统[D].青岛:中国海洋大学,2008.

[48] 邹德高.地震时浅埋地下管线上浮机理及减灾对策研究[D].大连:大连理工大学,2008.

[49] 朱明智.现代地下工程结构类型及设计方法[J].工程建设与设计,2008(7):70-72.

[50] 周质炎,胡琦.新型盖挖法在地铁车站施工中的应用[J].特种结构,2008,25(3):80-83.

[51] 周旭东,吴明冠,李宏伟.GIS在处置地下管线突发事件中的应用研究——

以苏州市地下综合管网应急处置系统为例[J].测绘科学,2008,33(S3):214-216.

[52] 张燕,代福仲.地下管线内损伤电视检测系统的研制[J].探矿工程(岩土钻掘工程),2008,35(7):90-93.

[53] 许超.哈尔滨新纪元地下商业街火灾烟气的控制与人员疏散[D].哈尔滨:哈尔滨工程大学,2008.

[54] 王琴,陈隽,李杰.地下管线非一致地震激励振动台试验的三维有限元建模[J].建筑科学与工程学报,2008,25(3):47-53.

[55] 王鹏,林蓼.地铁车站与火车站结合结构计算分析[J].山西建筑,2008,34(24):23-25.

[56] 田华军.郑州地铁施工技术探讨[J].建筑机械化,2008,29(10):57-60,6.

[57] 孙宇坤,吴为义,张土乔.管隧平行时地下管线沉降的影响因素分析[J].中国给水排水,2008,24(10):95-98.

[58] 孙平,王立,刘克会,等.城市供热地下管线系统危险因素辨识与事故预防对策[J].中国安全生产科学技术,2008,4(3):130-133.

[59] 秦智慧.长沙市地下管线数据标准探讨[J].矿山测量,2008(1):8-11,4.

[60] 林蓼,袁泉.地铁车站单双层过河段沉降计算分析[J].城市轨道交通研究,2008,11(12):31-34.

[61] 梁波,洪开荣,梁庆国.城市地下工程施工技术在我国的现状、分类和发展[J].现代隧道技术,2008(S1):20-26.

[62] 姜正芳,李海涛.浅析上海地下管线地理信息建设工作存在的问题和对策[J].上海城市规划,2008(5):51-54.

[63] 黄敏.地下商场火灾风险评价及安全疏散性能化设计研究[D].长沙:中南大学,2008.

[64] 黄珂,林蓼.地铁十字换乘车站预留换乘节点的结构计算分析[J].都市快轨交通,2008,21(3):28-31.

[65] 黄剑军.暗挖法双洞引水隧道下穿地铁车站施工技术[J].市政技术,2008,26(2):121-123.

[66] 何庆辉.谈市政工程施工时保护地下管线的措施[J].四川建材,2008,34(6):222-223.

[67] 冯兴法.定/导向钻进施工中的地下管线损伤预防措施及技术研究[D].长沙:中南大学,2008.

[68] 房德威,王玉芬,张军.城市地下综合体开发中SWOT要素研究[J].低温建筑技术,2008(1):131-133.

[69] 杜丽娟.城市综合交通枢纽设计研究[D].西安:长安大学,2008.

[70] 代朋,贾琼,杜雨良.以交通为导向的城市地下综合体开发模式探讨[J].山东科技大学学报(自然科学版),2008,27(2):48-51.

[71] 陈敏.隧道施工扰动下邻近管线的位移及其周围土体变形的研究[D].北京:北京交通大学,2008.

[72] 曹爱军.中洞法在地铁车站施工中的应用[J].山西建筑,2008,34(2):279-280.

[73] Klar A,Marshall A M,Shell versus beam representation of pipes in the evaluation of tunneling effects on pipelines[J]. Tunnelling & Underground Space Technology,2008,23(4):431-437.

[74] 郑向红.大跨度单拱单柱双层暗挖地铁车站施工技术[J].西部探矿工程,2007,19(3):146-149.

[75] 张琦,韩宝明,李得伟.地铁枢纽站台的乘客行为仿真模型[J].系统仿真学报,2007,19(22):5120-5124.

[76] 张丽红,贺美德,刘军.暗挖通道穿越既有地铁车站施工技术探讨[J].市政技术,2007(2):119-121.

[77] 张建勋,韩宝明,李得伟.VISSIM在地铁枢纽客流微观仿真中的应用[J].计算机仿真,2007,24(6):239-242,283.

[78] 魏纲,朱奎.顶管施工引起邻近地下管线附加荷载的分析[J].岩石力学与工程学报,2007(S1):2724-2729.

[79] 王玉军,崔承武.CRD工法在城市地铁车站施工中的应用[J].铁道建筑技术,2007(S1):126-129.

[80] 孙宇坤,吴为义.城市隧道掘进对邻近环境影响的保护分析[C]//崔京浩.第16届全国结构工程学术会议论文集(第Ⅱ册).北京:工程力学,2007.

[81] 沈良帅.复杂环境下隧道施工对邻近地铁隧道及地下管线的影响及变形控制分析[D].北京:北京交通大学,2007.

[82] 刘卫功.超浅埋单拱大跨双侧洞法暗挖地铁车站施工技术[J].市政技术,2007,25(6):485-489.

[83] 林均岐,胡明祎.跨越断层地下管道地震反应研究[J].地震工程与工程振动,2007,27(5):129-133.

[84] 孔宪京,邹德高.基于液化后变形分析方法的地下管线上浮反应研究[J].岩土工程学报,2007,29(8):1199-1204.

[85] 康梅林,颜廷方,张龙国.地下结构发展问题的研究[J].山东农业大学学报(自然科学版),2007,38(3):473-476.

[86] 黄光球,汪晓海,陈惠明,等.基于元胞自动机的地下矿火灾蔓延仿真方法[J].系统仿真学报,2007,19(1):201-205.

[87] 何彩红.火灾时地下商场人员紧急疏散的研究[D].西安:西安建筑科技大学,2007.

[88] 郭恩栋,刘如山,孙柏涛,等.地下管线工程地震破坏等级划分标准[J].自然灾害学报,2007,16(4):86-90.

[89] 方继涛.城市地铁车站的施工技术管理[D].成都:西南交通大学,2007.

[90] 杜毅,倪赟.运营地铁车站结构改建施工关键技术与效果分析[C]//第三届上海国际隧道工程研讨会文集.上海:同济大学出版社,2007.

[91] 崔阳,李鹏,王璇.地下综合体公共空间一体化设计[J].地下空间与工程学报,2007,3(5):787-791.

[92] 崔阳.地下综合体功能空间整合设计研究[D].上海:同济大学,2007.

[93] 程宇光.以交通枢纽改造为导向的城市设计整合[D].天津:天津大学,2007.

[94] 陈扬勋,乔春生,刘开云.超浅埋大跨暗挖地铁车站隧道施工方案分析[J].山西建筑,2007,33(34):311-312.

[95] 陈涛,董小龙.暗挖大型换乘地铁车站施工关键技术及对策[J].隧道建设,2007,27(3):71-74,91.

[96] 陈冬,王琪.地铁车站结构设计合理性分析[J].工程建设与设计,2007(5):52-54.

[97] 包光宏,肖正学,李志勤,等.模糊综合评价在地下商场火灾风险评价中的应用[J].西南科技大学学报,2007,22(3):38-42.

[98] Takeda S,Aoki Y,Ishikawa T,Takeda N,Kikukawa H. Structural health monitoring of composite wing structure during durability test[J]. Composite Structures,2007,79(1):133-139.

[99] Sagaidak A I,Elizarov S V. Acoustic emission parameters correlated with fracture and deformation processes of concrete members[J]. Construction & Building Materials,2007,21(3):477-482.

[100] Carpinteri A,Lacidogna G,Pugno N,Structural damage diagnosis and life-time assessment by acoustic emission monitoring[J]. Engineering Fracture Mechanics,2007,74(1):273-289.

[101] 张晓鸽,郭印诚.地下车库火灾过程及消防措施的研究[J].工程热物理学报,2006,27(S2):171-174.

[102] 张孟喜,黄瑾,王玉玲.基坑开挖对地下管线影响的有限元分析及神经网

络预测[J].岩土工程学报,2006,28(S1):1350-1354.

[103] 岳海玲.基于遗传神经网络的地下商场火灾风险评价方法[D].西安:西安科技大学,2006.

[104] 杨光.地下大空间建筑火灾烟气运移的计算机模拟[D].沈阳:沈阳航空工业学院,2006.

[105] 王文通,张项铎.浅论城市地铁车站结构设计与施工方案[J].预应力技术,2006(5):32-35.

[106] 王国盛,王志永.城市地下管线建设中管位问题及对策[J].中国市政工程,2006(2):68-69,95.

[107] 王刚.侧洞法修建大型单拱地铁车站施工技术[J].岩土工程界,2006,9(7):63-64.

[108] 钱彦岭,王建伟,徐慧峰,等.水平导向钻随钻地下管线探测预警系统研究[J].国防科技大学学报,2006,28(1):107-110.

[109] 刘晶波,李彬.地铁地下结构抗震分析及设计中的几个关键问题[J].土木工程学报,2006,39(6):106-110.

[110] 林蓼,王鹏.地铁车站中庭方案结构探讨[J].都市快轨交通,2006,19(2):50-51,55.

[111] 林蓼.地铁车站结构地下水的腐蚀防治[J].都市快轨交通,2006,19(4):69-71,83.

[112] 林蓼.地铁大跨度单层风道结构计算分析[J].现代城市轨道交通,2006(1):38-40,8.

[113] 贾春芬,姚会兰,路世昌,等.地下停车库火灾风险性的评价研究[J].火灾科学,2006,15(1):6-10,55.

[114] 郭力,王剑波,陈新胜.我国地下工程中常用的开挖方法[J].西部探矿工程,2006,18(9):152-154.

[115] 杜扬,杨小凤,郭春,等.地下狭长受限空间火灾实验及大涡数值模拟研究[J].工程热物理学报,2006,27(S2):167-170.

[116] 毕继红,刘伟,江志峰.隧道开挖对地下管线的影响分析[J].岩土力学,2006,27(8):1317-1321.

[117] Grosse C U, Finck F. Quantitative evaluation of fracture processes in concrete using signal-based acoustic emission techniques[J]. Cement & Concrete Composites,2006,28(4):330-336.

[118] 周伟.城市地下综合体设计研究[D].武汉大学,2005.

[119] 吴懿.地震液化引起地面大位移及其对地下管线影响的研究[D].华侨大

学,2005.

[120] 吴凤,邓军.地下商业街火灾烟气流动实验研究[J].中国安全科学学报,2005,15(12):60-63,138.

[121] 吴凤.大型地下商场火灾安全疏散性能化设计研究[D].西安:西安科技大学,2005.

[122] 刘忠昌.深基坑开挖对近邻地下管线位移影响的数值模拟分析[D].北京:北京工业大学,2005.

[123] 刘仁存.地下商场的火灾特点及其建筑防火设计[J].消防科学与技术,2005(S1):34-38.

[124] 侯学渊,柳昆.现代城市地下空间规划理论与运用[J].地下空间与工程学报,2005,1(1):7-10.

[125] 段绍伟,沈蒲生.深基坑开挖引起邻近管线破坏分析[J].工程力学,2005,22(4):79-83.

[126] 艾晓秋,李杰.考虑土体固液二相性质的地下管线地震反应研究[J].地震工程与工程振动,2005,25(2):136-140.

[127] 魏纲,余振翼,徐日庆.顶管施工中相邻垂直交叉地下管线变形的三维有限元分析[J].岩石力学与工程学报,2004,23(15):2523-2527.

[128] 王良,惠丽萍.地铁车站结构设计中存在的问题[C]//中国土木工程学会和隧道及地下工程分会.中国土木工程学会第十一届、隧道及地下工程分会第十三届年会论文集.成都:现代隧道技术,2004.

[129] 邵同平,陈谷珍,林蓼.钢筋混凝土房屋结构抗震鉴定管见[J].工程建设与设计,2004(1):13-14.

[130] 邵根大.地铁车站施工采用盖挖逆筑法[J].现代城市轨道交通,2004(2):26-29.

[131] 彭振华,李代军.过铁路超浅埋大跨暗挖隧道施工技术[J].西部探矿工程,2004,16(6):90-91.

[132] 马世杰.地下商业建筑火灾烟气控制的模拟研究[D].北京:北京工业大学,2004.

[133] 罗一新,谢卫君.关于地下铁道火灾防治措施的思考[J].中国安全科学学报,2004,14(7):70-73.

[134] 李祚华,林均岐,胡明祎.液化场地地下管线地震反应研究述评[J].地震工程与工程振动,2004,24(5):131-135.

[135] 李围,何川.地铁车站施工方法综述[J].西部探矿工程,2004,16(7):109-112.

[136] 李镜培,丁士君.邻近建筑荷载对地下管线的影响分析[J].同济大学学报(自然科学版),2004,32(12):1553-1557.

[137] 李大勇,吕爱钟,曾庆军.内撑式基坑工程周围地下管线的性状分析[J].岩石力学与工程学报,2004,23(4):682-687.

[138] 陈伟红,张磊,张中华,等.地下建筑火灾中的烟气控制及烟气流动模拟研究进展[J].消防技术与产品信息,2004(10):6-9.

[139] Watanabe K, Niwa J, Iwanami M, Yokota H. Localized failure of concrete in compression identified by AE method. Construction & Building Materials, 2004, 18(3):189-196.

[140] 杨龙才,周顺华,孟晓红,软土地层挤土桩施工对地下管线的影响与保护[J].地下空间,2003,23(4):365-369,454.

[141] 孙海霞,赵文,赵文赞.地铁车站施工方案模糊决策研究[J].沈阳工业大学学报,2003,25(5):437-440.

[142] 屈铁军,王前信.地下管线在空间随机分布的地震作用下的反应[J].工程力学,2003,20(3):120-124.

[143] 李大勇,龚晓南.软土地基深基坑工程邻近柔性接口地下管线的性状分析[J].土木工程学报,2003,36(2):77-80.

[144] 程远平,张孟君,陈亮.地下汽车库火灾与烟气发展过程研究[J].中国矿业大学学报,2003,32(1):12-17.

[145] 张伟,姜韡,张卫国,城市地下交通隧道火灾的防护[J].地下空间,2002(3):268-270,284.

[146] 晏成明,曹国金.地下工程施工技术方法现状及发展[J].电力勘测,2002(4):44-47.

[147] 轩辕啸雯.21世纪初中国地下工程概况[J].施工技术,2002,31(1):38,51.

[148] Chen W W, Shih B J, Chen Y C, Hung J H, Hwang H H. Seismic response of natural gas and water pipelines in the Ji-Ji earthquake[J]. Soil Dynamics & Earthquake Engineering, 2002, 22(9):1209-1214.

[149] 赵林,冯启民.埋地管线有限元建模方法研究[J].地震工程与工程振动,2001,21(2):53-57.

[150] 张青岚,兰彬,张文良,等.地下商业街火灾烟气流速的试验研究[J].消防科学与技术,2001(1):13-16,3.

[151] 王志刚.地下大型商场火灾时期人员疏散计算机模型[J].火灾科学,2001,10(1):57-62.

[152] 刘军军,兰彬,张文良,等.地下商业街火灾烟气成分试验研究[J].消防科学与技术,2001(1):10-12.

[153] 李大勇,龚晓南,张土乔.软土地基深基坑周围地下管线保护措施的数值模拟[J].岩土工程学报,2001,23(6):736-740.

[154] 陈西霞,杨和平,韩少光.桩柱支承法在大跨度地铁车站施工中的应用[J].西部探矿工程,2001,13(3):79-80.

[155] 赛云秀,韩日美.城市可持续发展与地下空间开发[J].西安公路交通大学学报,2000,20(2):120-122.

[156] 林均岐,熊建国.液化场地土中埋设管线的上浮反应分析[J].地震工程与工程振动,2000,20(2):97-100.

[157] 张庆贺,朱忠隆.21世纪地铁施工技术展望[J].施工技术,1999(1):9-10.

[158] 黄莉,霍小平.城市地下空间利用——地下综合体发展模式探讨[J].北京建筑工程学院学报,1999.15(2):89-99.

[159] 胡振瀛,朱作荣.岩石地层地下结构的设计方法[J].地下空间,1999,19(1):13-18,24.

[160] 陈湘生,陈朝辉,罗小刚.岩土工程技术最新进展——全向冻结施工技术[J].地下空间,1999,19(4):297-302.

[161] 钱七虎.城市可持续发展与地下空间开发利用[J].地下空间,1998,18(2):69-74.

[162] 胡振瀛,刘洁.地下结构的设计与施工[J].地下空间,1998,18(3):129-134.

[163] 刘国琦,杜文库.我国地铁施工技术的发展及展望[J].施工技术,1996(1):6-7,10.

[164] 黄恒栋.地下建筑火灾中火烟温度、火风压沿程变化及其防治措施[J].重庆建筑工程学院学报,1995,17(1):68-73.

[165] 戴性月,李高明,王炳辉,等.预应力锚杆施工技术及在永安里地铁车站施工应用[J].市政技术,1995(3):16-23.

[166] Manolis G D, Tetepoulidis P I, Talaslidis D G, Apostolidis G. Seismic analysis of buried pipeline in a 3D soil continuum[J]. Engineering Analysis with Boundary Elements[J],1995,15(4):371-394.

[167] 戴余忠.地铁车站结构逆筑法的设计与施工[J].建筑施工,1994(5):22-25.

[168] 侯学渊,束昱.论我国城市地下综合体的发展战略[J].地下空间,1990(1):1-10.

[169] 刘方,廖曙江.建筑防火性能化设计[M].重庆:重庆大学出版社,2007.

[170] 张树平.建筑防火设计[M].2版.北京:中国建筑工业出版社,2009.

[171] 霍然,胡源,李源洲.建筑火灾安全工程导论[M].2版.合肥:中国科学技术大学出版社,2009.

[172] 樊振国.室内自然通风模拟分析及评价[D].天津:天津大学,2007.

[173] 杨光.地下大空间建筑火灾烟气运移的计算机模拟[D].沈阳:沈阳航空工业学院,2006。

[174] 李引擎.建筑防火性能化设计[M].北京:化学工业出版社,2005.

[175] 程远平,李增华.消防工程学[M].徐州:中国矿业大学出版社,2002.